高等学校电子信息类系列教材

电工电子技术实验教程

黄　河　鲁　昀　张建强　陈丹亚　编　著
刘　宏　　　　　　　主　审

西安电子科技大学出版社

内 容 简 介

本书是为适应电工电子技术实验课程改革的需要,在总结多年的实践教学经验基础上编写的实验教材。本书共六章,主要内容包括实验基础知识,常用仪器仪表及其使用,电路基础实验,模拟电子技术实验,数字电子技术实验。书中精心设计了多个由浅入深的实验,每个实验还设计了一些拓展性的实验内容,通过实验训练,可使学生逐步养成自主学习和独立思考的习惯,并可培养学生的学习兴趣,以及提高学生的工程实践能力。

本书可作为大学非电类专业学生电工电子技术课程的实验教材,也可供相关专业的工程技术人员及科研人员参考使用。

图书在版编目(CIP)数据

电工电子技术实验教程/黄河等编著. —西安:西安电子科技大学出版社,2014.1(2025.1 重印)
ISBN 978 - 7 - 5606 - 3287 - 2

Ⅰ. ① 电…　Ⅱ. ① 黄…　Ⅲ. ①电工技术—实验—高等学校—教材
② 电子技术—实验—高等学校—教材　Ⅳ. ① TM - 33　② TN - 33

中国版本图书馆 CIP 数据核字(2014)第 009766 号

责任编辑　阎　彬　刘小莉
出版发行　西安电子科技大学出版社(西安市太白南路 2 号)
电　　话　(029)88202421　88201467　　　　邮　　编　710071
网　　址　www.xduph.com　　　　电子邮箱　xdupfxb001@163.com
经　　销　新华书店
印刷单位　西安日报社印务中心
版　　次　2014 年 1 月第 1 版　2025 年 1 月第 5 次印刷
开　　本　787 毫米×1092 毫米　1/16　印　张　13.5
字　　数　312 千字
定　　价　35.00 元
ISBN 978 - 7 - 5606 - 3287 - 2
XDUP 3579001 - 5
＊＊＊如有印装问题可调换＊＊＊

编委会名单

前　言

　　电工电子技术实验是机械类各专业的一门必修基础课，其主要任务是通过理论与实践密切结合，巩固和深化已学理论知识，加强基本实验技能训练，使学生具备简单电路设计能力，掌握科学研究的基本方法，培养学生的综合素质和创新能力，树立学生的工程意识和严谨的科学作风。

　　本书是根据人才培养方案和课程教学的基本要求，基于网络化、数字化电工电子实验平台，结合现有的实验设备条件编写的非电类专业实验教材。本书系统地阐述了电工电子测量误差理论、仪器仪表测量及测试技术、电工和电子实验技术，主要内容包括常用电子仪器的使用、直流电路实验、日光灯线路的安装及测试、三相交流电路、功率因数的提高、单管电压放大器、运算放大器的线性应用、直流稳压电源、门电路和组合逻辑电路的设计、555 电路、数字三用表装调共三大类 24 个实验。附录主要介绍实验装置和部分常用电子仪器的使用。本书可作为高等院校非电类专业电工学、电工与电子技术课程的实验教材。

　　本书实验内容按其性质、目的、方式分为验证性、设计性和综合性实验。验证性实验旨在让学生了解常用元器件的性能和使用方法，巩固和加深对理论知识的理解，掌握基本实验方法和技能，培养学生观察和分析实验现象、解决实际问题的能力，为后续实验打下基础；设计性实验的重点是单元电路设计，即按照实验题目给出的实验任务和设计要求设计电路，并通过电路仿真、安装调试、指标测试等过程，培养学生的电路设计能力以及对现代电路实验方法、测试技术的应用能力；综合性实验注重学生对所学知识的应用和综合技能的培养，是强化学生工程实践意识和培养实践动手能力的重要手段。

　　本书第 1 章实验基础知识、第 2 章常用仪器仪表及其使用、第 3 章电路基础实验由黄河和张君同志编写；第 4 章模拟电子技术实验由张建强和王聪敏同志编写；第 5 章数字电子技术实验由陈丹亚、马静囡和李佳同志编写；第 6 章电工电子综合设计实验由鲁昀、姬正洲和耿道田同志编写；附录部分由李少娟、赵颖娟和孙中禹同志编写。全书由黄河同志统稿。

　　由于编者水平有限，书中难免存在不妥和疏漏之处，敬请同行和读者批评指正。

编　者

2013 年 11 月 10 日

目　　录

第1章 实验基础知识

1.1 电工电子技术实验课的特点及学习方法

1.1.1 电工电子技术实验课的特点

电工电子技术实验课是一门重要的技术基础课程，具有很强的实践性和鲜明的工程特点。实验中要涉及器件、电路、工艺、环境等诸多实际因素，而且理想模型和工程实际的区别使得一些实验现象和结果与书本知识、课堂讲授内容存在差异。因此，要学好这门课程，就必须了解该课程的特点。

1. 电子器件特性参数的离散性

电子器件品种繁多、特性各异，进行实验时除要求合理选择器件、了解器件性能外，还要注意相同型号的电子器件特性参数的离散性，如电子元件（电阻、电容）的元件值存在较大偏差，同型号的晶体三极管的 β 值不同，这使得实际电路性能与设计要求有一定的差异，实验时需对实验电路进行调试。对于调试好的电路，一旦更换某个器件，则需要重新调试。

2. 电子器件的非线性

模拟器件的特性大多数都是非线性的，因此，在使用模拟电子器件时，就有如何合理选择与调整工作点使其工作在线性范围、以及如何稳定工作点的问题。而工作点一般是由偏置电路确定的，因此，偏置电路的设计与调整在模拟电路中占有极其重要的位置。

3. 测试仪器的非理想特性

理论分析时一般认为测试仪器具有理想的特性，但实际上信号源内阻不可能为零，示波器和毫伏表输入阻抗也不是无穷，因此，测试时会对被测电路产生影响。了解这种影响，选择合适的测量仪器和方法进行测量，可减小测量过程带来的误差。

4. 阻抗匹配

电子电路各单元电路之间相互连接时，经常会遇到匹配问题。前后级电路间匹配不好，可能会影响电路的整体效果，使得整体电路不能正常工作。因此，在电路设计时，应该选择合适的参数或采取一定措施，尽量使前后级之间良好匹配。

5. 接地问题

实际电路中所有仪器仪表都是非对称输入和输出的，所以，一般输出电缆和测试电缆中都有接地线，通常要求仪器和电子电路要共地。特别强调，电子电路中的"地"是可以人为选定的，是整个电路系统的参考点（零电位点）。

6. 分布参数和外界的电磁干扰

在一定条件下，分布参数对电路的特性可产生重大影响，甚至因产生自激而使电路不能正常工作，这种情况在工作频率较高时更易发生，因此，元器件的合理布局和恰当连接、接地点的合理选择和地线的合理安排、必要的去耦合屏蔽措施在电子电路中是相当重要的。

7. 测试手段的多样性和复杂性

针对不同问题要采用不同的测试方法，要考虑到测试仪器接入后对电路产生的影响。

上述特点决定了电工电子技术实验的复杂性，了解这些特点，对掌握实验技术、分析实验现象、提高工程实践能力具有重要的意义。

1.1.2 电工电子技术实验课的学习方法

要学好这门课程，应该注意以下几点：

1. 掌握实验课的学习规律

实验课是以动手为主的课程，进入实验室实验时，应该做到有的放矢，应该清楚该做什么，怎么做。因此，每个实验都要经历预习、实验和总结三个阶段。

（1）预习。预习的主要任务是搞清楚实验的目的、内容、方法及实验中必须注意的问题。通过预习，要拟定实验步骤，制定记录数据的表格，并对实验结果有一个初步的估计，以便实验时可以及时检查实验结果的正确性。预习质量的高低将直接影响到实验效果的好坏和收获的多少。

（2）实验。实验就是按照自己预先拟定的方案进行实际操作，是提高实践能力、锤炼实验作风的过程。实验中既要动手，也要动脑，要实事求是地做好原始数据的记录，分析和解决实验中遇到的各种问题，养成良好的科学作风。

（3）总结。总结就是实验完成后，整理实验数据，分析实验结果，对实验做出评价，总结收获。这一阶段是培养总结归纳能力和学术写作能力的重要过程。

2. 学会用理论指导实践

理解实验原理、制定实验方案需要用理论进行指导；调试电路时同样需要用理论分析实验现象，从而确定调试的方法、步骤。盲目的调试是错误的，虽然有时也能获得正确的结果，但对实验技术的掌握、调试电路能力的提高不会有帮助。另外，实验结果正确与否、实验结果与理论存在的差异也需要从理论的角度来进行分析。

3. 注意实践知识与经验的积累

实践知识和经验需要靠长期积累才能丰富起来。在实验中，对所用的仪器与器件，要记住它们的型号与规格以及使用方法；对实验中出现的各种现象与故障，要记住它们的特征；对实验中的经验教训，要进行总结。

4. 自觉提高工程实践能力

要养成主动学习的习惯，实验过程中要有意识地、主动地培养自己发现问题、解决问题的能力，不要事事问老师、过多依赖指导老师，而应该尝试自己去解决实验中遇到的各种问题，要不怕困难与失败，从某种意义上来讲，困难与失败正是提高自己工程实践能力难得的机会。

1.1.3　电工电子技术实验课的要求

为确保实验顺利完成，达到预期实验效果，培养学生的良好作风，充分发挥学生的主观能动性，对学生应有如下要求：

1. 实验前要求

（1）预习充分。认真阅读实验教材，清楚实验目的，充分理解实验原理，掌握主要参数的测试方法。

（2）认真学习教材中介绍的仪器仪表的使用，熟悉要使用仪器仪表的性能和使用方法。

（3）对实验数据和结果有初步估算。

2. 实验中要求

（1）按时进入实验室，遵守实验室规章制度。

（2）严格按仪器仪表操作规程使用仪器仪表。

（3）按照科学的方法进行实验，要求接线正确，布线整齐、合理。

（4）实验中出现故障，应利用所学知识进行分析，并尽量独立解决问题。

（5）细心观察实验现象，真实、有效地记录实验数据。

3. 实验后要求

实验完成后要撰写实验报告，实验报告的撰写有以下要求：

（1）注明实验环境和实验条件。如实验日期、使用仪器仪表名称等。

（2）整理实验数据，描绘测试波形，列出数据表格并画出特性曲线。

（3）对实验结果进行必要的理论分析，得到实验结论，并对本次实验做出评价。

（4）分析实验中出现的故障和问题，总结排除故障、解决问题的方法。

（5）实验的收获和对改进实验的意见与建议。

（6）回答思考题。

1.2　电子测量的内容与分类

著名科学家门捷列夫指出，"没有测量就没有科学"。在世界科学技术高度发展的今天，电子测量已经成为信息获取、处理和显示的重要手段，是信息工程的源头和重要组成部分。

电子测量技术广泛应用于人类生活的多个方面，无论是科学研究、工业制造，还是现代军事装备的研制和维护，都离不开先进的电子测量工具。电子测量技术及仪器水平已经成为衡量一个国家科技发展和生产技术水平的重要标准，也是军事实力的重要体现。另一方面，电子测量技术与电子技术相伴而生，电子科学的知识和技术在电子测量工程上得到了最全面、最广泛的应用。对电子测量技术涉猎的深浅，反映了一个电子工程师综合素质的高低。电子测量如此重要，我们必须下功夫掌握好这门具有无限发展前景的科学与技术。

1.2.1 电子测量的内容

测量是以确定被测对象量值为目的的全部操作。在测量过程中，人们借助于专门的设备，依据一定的理论，通过实验的方法来确定被测量的量值。量值的大小是由数值和计量单位的乘积所表示的，没有计量单位的数值是不能作为量值的，也是没有物理意义的。电子测量主要包括五个方面：

（1）电能量的测量：包括电流、电压、功率、电场强度等的测量。

（2）电子元件和电路参数的测量：包括电阻、电容、电感、阻抗、品质因数、电子器件参数等的测量。

（3）电信号特性和质量的测量：包括波形、频率、周期、时间、相位、失真度、状态等的测量。

（4）电路性能的测量：包括增益、衰减、灵敏度、通频带、噪声系数、滤波器的截止频率和衰减特性等的测量。

（5）基本电子电路特性曲线的测量：包括放大器幅频特性曲线与相频特性曲线等的测量。

1.2.2 电子测量的分类

电子测量方法多样，为了便于分析和研究，一般分为以下几类：

（1）时域测量：测量被测信号幅度与时间的函数关系。

（2）频域测量：测量被测信号幅度与频率的函数关系。

（3）调制域测量：测量被测信号频率随时间变化而变化的特性。

（4）数据域测量：测量数字量或电路的逻辑状态随时间变化而变化的特性。

（5）输入电阻和输出电阻的测量：测量二端网络输入、输出伏安关系的特性。

（6）电压增益及频率特性的测量：测量网络的信号传输特性。

此外，还可以按测量手段把电子测量分为直接测量、间接测量和组合测量；按测量的统计特性，把电子测量分为平均测量和抽样测量。在实际测量过程中，上述的多种测量形式或者互相补充，或者组合运用，以完成特定的电子测量任务。

1.3 基本测量方法

1.3.1 电压的测量

电子技术领域中，电压是最基本的电参数之一，电路的工作状态和特性大多是以电压参数来表示的，所以电压测量是电子测量的基础。电压的测量方法一般有电压表测量法和示波器测量法两种。

1. 电压表测量法

将电压表并联于被测电路的两端直接读数的方法称为电压表测量法。这种方法简便、直观，是电压测量最基本的方法。用电压表测量电压时应注意，要根据被测电压的特点（如电压频率的高低和幅度的大小等）和被测电路的状态（电路内阻的大小等）来选择电压表。

通常以电压表的使用频率范围、测量电压范围和输入阻抗的高低作为电压表的选择依据。对电压表的基本要求如下：

（1）输入阻抗高。当电压表输入阻抗与被测电路阻抗为同一数量级时，就会造成较大的测量误差。为减小测量仪表对被测电路的影响，要求电压表输入阻抗应尽可能高些。

（2）电压表的频率范围。测量仪表都有确定的频率限制（即频带限制），超过此限制进行测量会带来很大的测量误差。通常，测量电路直流工作点或工频电压，可选用数字三用表；测量放大器频率响应特性，可选用交流毫伏表或示波器；测量射频电路电压，可选用高频毫伏表。

（3）有较高精度。指针式仪表精度按满度相对误差分为 0.05、0.1、0.2、0.5、1.5、2.5、5.0 等几个等级，如 2.5 级精度的满度相对误差为 ±2.5%。在较高精度的电压测量中，一般采用数字式电压表。一般直流数字式电压表的测量精度为 $10^{-4} \sim 10^{-8}$ 数量级，交流数字式电压表的测量精度为 $10^{-2} \sim 10^{-4}$ 数量级。

2. 示波器测量法

电子电路中电压的波形种类很多，常用的有正弦波、矩形波、三角波、阶梯波等。大部分电压表是按测量正弦波有效值设计的，因此，用电压表测量上述非正弦波电压会产生很大的测量误差。另外，电子电路中的许多电压波形交、直流并存，即交流叠加在直流电压之上，这样的电压不能用一般的电压表进行简单测量，而要用示波器进行测量。用示波器进行电压测量的特点是能正确、简便地测定某些非正弦波形的峰值或波形某部分的大小，数字式示波器还能直接给出电压值。

1.3.2 电流的测量

测量直流电流通常采用三用表电流挡，测量时电流表串联接入被测电路中。为减小对被测电路工作状态的影响，要求电流表的内阻越小越好，否则会产生较大的测量误差。

测量交流电流通常采用磁电式电流表，由于交流电流的分流与各支路的阻抗有关，而且阻抗分流也很难做到精确，所以通常使用电流互感器来扩大交流电流表的量程。钳形电流表就是用互感器扩大电流表量程的实例。

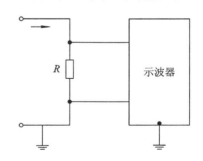

要特别强调的是，在工程实践中，电流的测量一般采用间接的方法，如图 1.1 所示。通过测量被测支路中电阻两端的电压来计算电流，从而得到被测支路中电流的大小。测量时，电路中 R 的选择应尽量小，当它串入被测电路中时，应对被测电路无影响。

图 1.1　测量电流示意图

1.3.3 时间和频率的测量

1. 时间的测量

时间测量就是对信号的时间参数进行测量，如信号的周期、脉冲的宽度、上升时间和下降时间等。现在使用的数字示波器，可以用自动测量法和游标测量法进行时间的测量。

自动测量法可自动测量任意通道信号的周期、上升时间、下降时间等参数；游标测量法可测量任意两点间的时差，并可直接读数。

2. 频率的测量

可通过测量信号周期计算频率，同样也可以用自动测量法和游标测量法进行频率的测量。

1.3.4　输入电阻和输出电阻的测量

图 1.2 所示是一个典型的线性含源二端网络，其输入端接激励信号源，输出端接负载。图中，U_s、R_s 分别为信号源的电压和内阻，R_L 是电路的负载电阻，$\dot{U}_i$、$\dot{I}_i$ 分别是网络的输入电压和电流，$\dot{U}_o$、$\dot{I}_o$ 分别是网络的输出电压和电流。

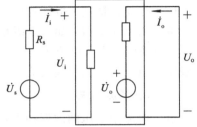

1. 输入电阻的测量

网络的输入阻抗 $\dot{Z}_i$ 为

$$\dot{Z}_i = \frac{\dot{U}_i}{\dot{I}_i}$$

图 1.2　线性含源二端网络

当输入信号频率较低时，网络近似为纯电阻性电路，此时可用输入电阻 R_i 代替输入阻抗 Z_i，即

$$R_i = \frac{\dot{U}_i}{\dot{I}_i}$$

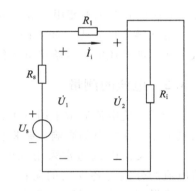

测量输入电阻的原理图如图 1.3 所示。在被测电路的输入回路中串入电阻 R_1，分别测量电阻 R_1 两端的对地电压 U_1 和 U_2，由公式不难求出输入电阻为

$$R_i = \frac{U_2}{U_1 + U_2}$$

注意：选取的电阻 R_1 的阻值应与 R_i 的阻值接近，以减小测量误差。

2. 输出电阻的测量

图 1.3　测量输入电阻原理图

线性含源二端网络的输出端可以等效为一个电压源，如图 1.4 所示，等效电压源的内阻就是电路的输出阻抗。

测量输出电阻的方法是先将负载开路（开关 S 断开），测量电路的开路输出电压 $\dot{U}_{oc}$；然后闭合开关 S，测量负载电阻 R_L 两端电压 U_{R_L}，即可计算出输出电阻 R_o 为

$$R_o = \left(\frac{U_{oc}}{U_{R_L}} - 1\right) R_L$$

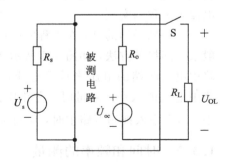

注意：测量时 R_L 取值应与 R_o 接近，以减小误差。

图 1.4　测量输出电阻原理图

当被测电路输出电阻 R_o 很小时，不能采用这种方法测量 R_o，否则会因输出电流过大而损毁元器件。

1.3.5 电压增益及频率特性测量

1. 电压增益

增益是网络传输特性的重要参数，定义为输出电压与输入电压的比值，即

$$A_\mathrm{u} = \frac{U_\mathrm{o}}{U_\mathrm{i}}$$

分别测量出输出电压和输入电压，即可计算出电压增益。

2. 频率特性的测量

当电路中含电抗元件时，输出电压 U_o 随频率变化而变化，相应的电压增益 A_u 是频率的函数，表示为

$$\dot{A}_\mathrm{u} = A_\mathrm{u}(f)\angle\varphi(f)$$

其中，$A_\mathrm{u}(f)$ 称为幅频特性，$\varphi(f)$ 称为相频特性。

1) 幅频特性测量

放大电路的典型幅频特性曲线如图 1.5 所示，分为高、中、低三个区域。在中频区，增益 $|A_\mathrm{u}|$ 基本不变，其值可用 $|A_\mathrm{um}|$ 表示；在高频区，增益 $|A_\mathrm{u}|$ 随着频率升高而下降；在低频区，增益 $|A_\mathrm{u}|$ 随着频率下降而下降。当电压增益下降到 $|A_\mathrm{um}|/\sqrt{2}$ 时，对应的频率分别称为上限截止频率和下限截止频率，分别用 f_H、f_L 表示，f_H 与 f_L 之间的频率范围称为通频带，通常用 BW 表示。

$$\mathrm{BW} = f_\mathrm{H} - f_\mathrm{L}$$

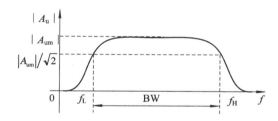

图 1.5　幅频特性曲线

测量幅频特性的常用方法有逐点法和扫频法两种。

（1）逐点法。将信号源加到被测电路输入端，保持输入电压幅度不变，改变信号的频率用示波器或毫伏表测量电路输出电压；然后将所测频率点的电压增益绘制成曲线即为被测电路的幅频特性曲线。

（2）扫频法。用扫频仪提供一个幅度保持不变、频率随时间变化的电压信号（扫频信号）加到被测电路输入端，将电路输出电压送至示波器 Y 轴，示波器显示波形即为电路的幅频特性曲线。

2) 相频特性测量

相频特性的测量是指测量电路输出信号与输入信号的相位差，通常是测量两个同频率信号之间的相位差。测量时，示波器用双通道模式分别测量输入和输出信号波形，选定其中一路信号作为示波器触发源，得到两个稳定波形如图 1.6 所示。图中，T 表示波形的一个周期，τ 表示输入和输出波形的时延，则两个波形的相位差为

$$\varphi = \frac{\tau}{T} \times 360° = \varphi_o - \varphi_i$$

注意：测量电压、电流、电压增益、频率特性等参数时必须保证信号不失真，只有在信号不失真的条件下，测得的数据才是有意义的，因此要合理选择信号的大小。

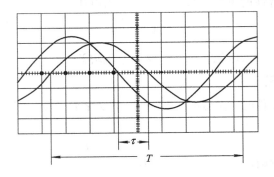

图 1.6　相频特性测量示意图

1.4　测量数据及误差处理方法

1.4.1　测量数据的有效数字

实验离不开测量，测量借助仪器读取数据，测量的结果总有误差，那么，实验中如何读取数据？测得的数据如何进行运算？测量结果如何正确表示？这些就是有效数字及其运算所要讨论的问题。

1. 有效数字的概念

由于测量中误差的存在或者测量仪器分辨力的限制，测量数据从某位起以后的数据是欠准确的估计数字，称为存疑数字。欠准确数字左边的数字称为准确数字。

所谓有效数字，是指从最左边一位非零数字算起到右边第一位存疑数字为止的所有准确数字，包括中间的数字 0。例如，测得的频率为 0.0234 MHz，它是由 2、3、4 三个有效数字表示的，其左边的两个零不是有效数字，通过单位变换，可将这个数字写成 23.4 kHz。其末位数字 4，通常是在测量中估计出来的，因此称它为欠准确数字，其左边的有效数字为准确数字。

2. 有效数字的确定

（1）有效数字中，只应保留一位欠准确数字。因此，在记录测量数据时，只有最后一位有效数字是欠准确数字。

（2）如果欠准确数字为 0，要特别注意不能随意删除掉。例如，测某电阻的大小为 136.0 kΩ，这表明前面位数 1、3、6 是准确数字，最后一位数 0 是欠准确数字。如果改写成 136 kΩ，则表明前面两位数 1、3 是准确数字，最后一位数 6 是欠准确数字。这两种写法尽管表示同一个数值，但实际上却反映了不同的测量准确度。

（3）有效数字的科学表示法。如果用 10 的幂来表示一个数据，10 的幂前面的数字都是有效数字。例如，$13.60 \times 10^3\ \Omega$，表明该电阻的有效数字有四位。

（4）对于 π、$\sqrt{2}$ 等常数，具有无限位数的有效数字，在运算时可根据需要取适当的位数。

（5）有效数字"四舍六入五去偶"的规则。当保留 n 位有效数字时，若后边要舍去的数字大于 5 则进位 1。若后边要舍去的数字小于 5 则舍去不进位。若后边要舍去的数字刚好是 5，则按下面规则处理：若 5 后还有数字，则可舍 5 进 1；若 5 后没有其他数字，看 5 前面的数字：若 5 之前的数字为奇数则舍 5 进 1，若 5 之前的数字为偶数（含零）则舍去不进位。

例如，以下是几个把有效数字保留到小数点后第二位的数据（左边为原始数据，右边为经过处理的数据）。

$$73.9504 \rightarrow 73.95 \qquad 3.22681 \rightarrow 3.23$$
$$523.745 \rightarrow 523.74 \qquad 617.995 \rightarrow 618.00$$

3. 有效数字的运算规则

在进行计算时，有效数字保留过多无意义，运算复杂容易出错；有效数字保留太少，又会影响实验的测量精度。所以，有效数字的运算必须符合一定的规则。

（1）有效数字的加减运算：对于整数进行加减运算时，和普通加减法一样；对于小数加减运算，应以小数点后位数最少的数作为标准，将其他数据进行处理，然后再进行加减运算。

例如，求 0.53 V 与 0.3565 V 之和，0.53 作为标准数，则按上述规则 0.3565→0.36，0.53 V＋0.3565 V＝0.89 V。

（2）有效数字的乘、除运算：运算前，对各数据的处理应以有效数字位数最少的数作为标准，所得积或商的有效数字的位数应与此相同。

例如，计算 0.0121×25.645×1.5782 之积，0.0121 有三位有效数字，有效位数最少，所以应对另两个数据加以处理，即

$$25.645 \rightarrow 25.6 \qquad 1.5782 \rightarrow 1.58$$

最后的计算结果为

$$0.0121 \times 25.645 \times 1.057\,82 = 0.328\,345\,6 \rightarrow 0.328$$

（3）有效数字的乘方、开方运算：乘方、开方运算时，运算结果的有效数字位数应比原数据多保留一位。

（4）有效数字的对数运算：对数运算时，运算结果与原数据应有相同的有效位数。

4. 有效数字与误差

实验中电子测量数据经常是只测量一次，即单次测量。单次测量数据所具有误差的估计，即单次误差估算，通常规定为其仪表最小刻度的一半，或者不得超过实验数据末位单位数字的一半。

例如，若末位数字是个位，则包含的绝对误差值小于 0.5；若末位是十位，则包含的绝对值误差小于 5。

对于未标注误差的数字，从左起第一位不是零的数字起，直到右边最后一个数字止，都是有效数字。有效数字的最低位含有误差，称为欠准确数字，如有效数字 3.142，2 为欠准确数字，3、1、4 都为准确数字。

注意：数字的不同表示，其含义是不同的。例如，写成 30.50，表示最大绝对误差不大于 0.005；写成 30.5，表示最大绝对误差不大于 0.05。再如，某电流的测量结果写成 2000 mA，表示绝对误差不大于 0.5 mA；写成 2 A，表示绝对误差不大于 0.5 A；写成 2.000 A，其绝

对误差与写成 2000 mA 时完全相同。

5. 测量结果的正确表示

在实验中，最终的测量结果通常由测得值和相应的误差共同表示。这里的误差是指仪器在相应量程时的最大绝对误差，这就涉及到测量数据有效数字位数取舍及误差的有效数字问题。

工程测量中，误差的有效数字一般只取一位，并采用"绝对进位法"，即测量值的有效数字后面不管是 1～9 中的哪一个数字，都要进一位，以保证取其最大误差值。

测量结果的最后表示中，一定要注意，测量值的有效数字的位数取决于测量结果的误差，即测量值的有效数字末位数与测量误差末位数是同一个数位。

例如，用 0.5 级电压表测量一个 150 V、50 Hz 的交流电压，选用 150 V 量程进行测量，测量值为 145.06 V。测量产生的最大绝对误差为 $\Delta U_m = 150 \text{ V} \times (\pm 0.5\%) = \pm 0.75 \text{ V}$，根据上述原则确定为 $\Delta U_m = \pm 0.8 \text{ V}$，则测量结果表示为 $U = 145.1 \text{ V} \pm 0.8 \text{ V}$。

1.4.2 测量数据的处理

测量数据的处理是电子测量的重要组成部分。如何对实验中所测得的数据、现象进行深入的分析、计算，以便找出各参数之间的关系，或者用数学解析的方法导出各参数之间的函数关系，是数据处理的任务。通常可采用列表法、曲线法等进行数据处理。

1. 列表法

将实验数据按某种规律列成表格，这种方法工程上经常采用。它不仅简易方便、规律性强、明了清楚，而且还能为深入地进行分析、计算及进一步处理数据或用曲线法展示实验结果打下基础，所以实验中大量采用列表法。采用列表法时要注意：

（1）列项要全面合理、数据充足，便于进行观察比较和分析计算、作图等。

（2）列项要清楚准确地标明被测量的名称、数值、单位、前提条件、状态和需观察的现象等。

（3）能够事先计算的数据，应先计算出理论值，以便测量过程中进行对照比较。

（4）记录原始数据的同时要记录条件和现象，并注意有效数字的选取。

2. 曲线法

曲线法通常有两种类型：特性曲线和响应曲线。

（1）特性曲线。在研究器件、电路的特性时（如伏安特性、频率特性），仅有数据表格还不能准确地反映出电路的变化规律，原因是一般电路的变化规律是连续的，而表格中的数据却是有限的、间断的，因此，这就需要把表格中的数据作为点的坐标放在坐标系中，然后用线段将这些点连接起来，形成一条曲线。这种绘制曲线的方法叫做描点法，绘制的曲线叫做电路的特性曲线。用特性曲线描述实验结果，具有直观完整、可获取更多信息的优点。绘制特性曲线时要注意：

① 特性曲线常采用的是直角坐标法，一般用横坐标表示自变量，纵坐标表示对应的变量，即函数。横坐标尺寸比例要根据被测量数量级的大小、曲线形状等合理选择，并应注明被测量的名称及单位。曲线图幅度大小要适当，一般以能完整包含数据的最大、最小值为度，最好选用坐标纸。

② 应正确分度坐标横、纵轴，分度间隔值一般应选用 1、2、5 或 10 的倍数，而且根据情况，横、纵坐标的分度可以不同，但要确保曲线能正确反应函数关系，并在坐标上大小适宜。

如果实验数据特别大或特别小，那么可以在数值中提出乘积因子，例如，提出 10^5 或 10^{-2}，将这些乘积因子放在坐标轴端点附近；还可以采取对数坐标以压缩图幅，例如，放大电路的幅频响应曲线，其频率坐标就取对数坐标。如果在很宽的范围内放大电路的幅频特性都非常平直，那么可以采用断裂线来缩小图幅。

③ 在连点描迹时，为防上数据点不醒目而被曲线遮盖，或防止在同一坐标图中有不同的几条曲线的数据点混淆，各种数据点可分别采用" ＋ "、"×"、" Ｏ "、" △ "、"□"等符号标出。

④ 为了使特性曲线更接近实际，能正确完整地反映量值特点，就要正确选择测试点。极值点、特征点和拐点周围应多选些测试点，线性变化的区段内则可少选些测试点。

⑤ 若干彼此相关的量，如果特性曲线有共同的横坐标和纵坐标，应尽量绘在同一图上，以便更好地看出它们之间的相互关系。

（2）响应曲线。对电路进行测量可看成是用仪器对电路进行求解，测量结果有时只是一个数值，但大多数情况是一个函数（波形）。为了记录测量结果，就必须从测量仪器（多为图形显示仪器）上将其画下来，绘制的近似程度直接影响着测量结果的准确程度，因此，在画图时一定要保持和原图一致或对应成比例。在绘制时，要做到以下几点：

① 首先将响应曲线的位置、大小调整合适，使曲线处在一个既携带了全部信息又便于绘制的状态。

② 绘制时使用坐标纸（因一般显示屏上有坐标格）。先在坐标纸上标出与图形对应的一些点（具有一定特点），然后再对这些点进行连线，当两点之间曲线的曲率较小、不易连接时，可在这两点之间再插入点。

③ 考虑是否建立坐标系。一旦建立坐标系，其刻度就要与曲线的变量幅度对应起来。

④ 当一个坐标系中有多条曲线时，要对这些曲线加文字说明，并用不同的线型或颜色加以区别。

⑤ 绘制出的曲线要光滑。测试中，测量结果不一定和整个图形有关，如后面要学到的相位测量，测量结果只是和图形上个别点有关，这时对图形的调整就需要把注意力放在与结果有关的点上，绘制时要把这些点的位置找准，因为其他部分只会影响图形的美观而不会影响测量结果。

3. 特性曲线的修正

将各实验数据描绘成特性曲线时，应尽可能使曲线通过数据点。如果直接把所有的数据点连接起来，一般得不到一条光滑的曲线，而是一条折线，所以除了对不合理的数据点应正确取舍外，还要利用有关的误差理论，把各种随机因素引起的曲线波动抹平，使其成为一条光滑、均匀的曲线，这个过程称为曲线的修正。

在要求不太高的测量中，常采用一种简便、可行的分组平均法来修正曲线。分组平均法就是把坐标纸上标明的各测量数据点沿横坐标轴分成若干组，每组包含 2～4 个数据点，点数可相等也可不相等，求出每组的几何重心的坐标值，再将这些坐标连起来作曲线。该方法可在一定程度上减小测量点误差的影响，使作图更为方便和准确。

1.4.3 测量误差及其处理方法

1. 误差的定义

在实际的测量中，由于受到测量仪器的精度、测量方法、环境条件或测量能力等因素的限制，都会使测量值与真实值有差异。测量值与真实值之差称为测量误差。

2. 误差的来源

测量误差的来源主要有以下几种：

1）仪器误差

仪器仪表本身的电气和机械性能不完善引入的误差称为仪器误差，这是测量误差的主要来源之一。由于设计、制造、检定等的不完善，以及计量器具使用过程中元器件老化、机械部件磨损、疲劳等因素而使计量器具带有误差。计量器具的误差可以分为读数误差（包括出厂校准精度不准确产生的校准误差、刻度误差、读数分辨力有限而造成的读数误差等，如指针式仪表的零点漂移、刻度非线性引起的误差及数字化仪表的量化误差）；计量器具内部噪声（即计量器具自己产生的干扰信号）引起的稳定误差；计量器具响应滞后现象造成的动态误差等。

2）使用误差

使用误差又称操作误差，它是指在使用仪器过程中，因安装、调节、布置、使用不当引起的误差。

3）人身误差

人身误差是由于人的感觉器官和运动器官的限制，因测量人员主观及客观因素所引起的误差，具体讲是因测量者的操作不规范、分辨能力差、视觉疲劳、反应速度慢及不良的固有习惯等引起的，如操作不当、看错、读错、听错和记错等。

4）影响误差

影响误差又称环境误差。由于实际环境条件与规定条件不一致所引起的误差称为环境误差。它是指由于受到温度、湿度、大气压、电磁场、机械振动、声音、光照、放射性等影响所造成的附加误差。任何测量总是在一定的环境里进行的，环境由多种因素组成，对电子测量而言，最主要的影响因素是电源电压、电磁干扰、环境温度等。

5）方法误差

方法误差是由于测量、计算方法不合理及理论缺陷等造成的误差。这种测量误差主要表现为测量时所依据的理论不严密，用近似公式或近似值计算出的数据作为测量结果或测试方法不合理等造成的误差。例如，用普通指针式万用表测量高内阻回路的电压；用谐振法测量频率时，常用近似公式为

$$f_0 = \frac{1}{2\pi\sqrt{LC}}$$

但实际上，回路电感 L 中总存在损耗电阻 R，其准确的公式为

$$f_0 = \frac{1}{2\pi\sqrt{LC}}\sqrt{1 - \frac{R^2C}{L}}$$

6）被测量不稳定误差

由测量对象自身的不稳定变化引起的误差称为被测量不稳定误差。我们知道，测量是

需要一定时间的，若在测量时间内被测量由于不稳定而发生变化，那么即使有再好的测量条件也无法得到正确的测量结果。例如，由于振荡器的振荡频率不稳定，测量其频率必然会引起误差。

3. 误差类别及减小误差的措施

在测量工作中，对于误差的来源要认真分析，并采取相应的措施，以减少误差对测量结果的影响。误差按其性质通常分为三类：系统误差、随机误差和粗大误差。

1）系统误差

系统误差是指在多次等精度测量同一量时，误差的绝对值和符号保持不变，或当条件改变时按某种规律变化的误差。系统误差越小，测量的准确度越高。

引起系统误差的原因多为测量仪器不准确、测量方法不完善、测量条件变化及操作不正确等。一般来说，当实验环境系统确定后，系统误差就是恒定值；当实验环境系统改变或部分改变时，系统误差也随之改变。我们应根据系统误差的性质和变化规律，通过分析，找出产生的原因，进行校正改善；或者采用一种适当的测量方法，削弱或基本消除系统误差。消弱系统误差的方法一般有零示法、替代法、交换法、补偿法和微差法等。

另外，由于系统误差具有一定的确定性，因此，对于无法有效消除其原因的误差项，还可用修正值的方法来减小测量误差。例如，欧姆表在电池电压降低时，会造成测量值变大，这时我们可以在测量值上加上一个修正值（根据与准确的欧姆表对比可获得此修正值），来减小测量的误差。

2）随机误差

随机误差又称偶然误差，它是指对同一量值进行多次等精度测量时，其绝对值和符号均以不可预定的方式无规则变化的误差。随机误差越小，精密度越高。产生随机误差的主要原因是那些对测量值影响较小又互不相关的诸多因素，例如，各种无规律的干扰、热骚动、电磁场变化等。根据随机误差的特点，可以通过对多次测量值取算术平均值的方法来降低随机误差对测量结果的影响。

3）粗大误差

粗大误差是指因测量人员不正确操作或疏忽大意造成的明显超出预计的测量误差，带有粗大误差的数据是不可靠的，在可能情况下应重复测量核对这些数据。在数据处理时，带有粗大误差的数据应该被删除，但是，如果是由于被测电路工作不正常造成的粗大误差，则应做进一步的测量分析。

4. 误差的表示方法

误差常用绝对误差、相对误差和引用误差来表示。

1）绝对误差

如果用 X_0 表示被测量的真值，X 表示测量仪器的示值（即标称值），则绝对误差 ΔX 为

$$\Delta X = X - X_0$$

当 $X > X_0$ 时，绝对误差是正值；反之为负值。所以 ΔX 是具有大小、正负和量纲的数值，它反映了测量值偏离真值的大小。

真值是客观存在的，但在实际测量中真值难以获得，一般用高一级或更高级的标准仪器或计量器具所测得的数值作为"约定真值"。约定真值通常能满足实际应用中规定的准确

度要求，因此，通常称为"实际值"，用 A 表示，这时绝对误差写成

$$\Delta X = X - A$$

与绝对误差大小相等，符号相反的量值称为修正值，一般用 C 表示。对于较好的仪器，修正值 C 常以表格、曲线或公式的方式随仪器带给用户。

在测量时，利用测量值与已知的修正值相加，就可以算出被测量的实际值，即

$$A = X + C$$

2）相对误差

在测量不同大小的被测量值时，不能简单地用绝对误差来判断准确程度。例如，在测 100 V 电压时，$\Delta X_1 = 5$ V；在测 10 V 电压时，$\Delta X_2 = 1$ V。虽然 $\Delta X_1 > \Delta X_2$，但实际上 $\Delta X_1 = 5$ V 只占被测量的 5%，而 $\Delta X_2 = 1$ V 却占被测量的 10%，显然在测 10 V 时，其误差对测量结果的相对影响更大。为此，在工程上通常采用相对误差来比较测量结果的准确程度。

相对误差是绝对误差与真值的比值，用百分数来表示，即

$$\gamma = \frac{\Delta X}{X_0} \times 100\%$$

3）引用误差

引用误差又称满度相对误差，是用绝对误差与仪器某量程的上限（即满度值）X_m 之比来表示的，记为

$$\gamma_m = \frac{\Delta X}{X_m} \times 100\%$$

由引用误差的定义可知，对于某一确定的仪器仪表，它的最大引用误差也是确定的，这就为计算和划分仪器仪表准确度等级提供了方便。电工仪表就是按照引用误差 γ_m 之值进行分级的。一般电工仪表（模拟指针式）级数用 S 表示。按照国家标准 GB776—76 规定，我国电工测量指示仪表共分为七个等级：0.1、0.2、0.5、1.0、1.5、2.5 及 5.0。现在又出现了 0.05 级的指示仪表。表头的等级一般都在表盘上标出。各级别仪表在正常工作条件下使用时，其基本误差分别为 ±0.1%、±0.2%、±0.5%、±1.0%、±1.5%、±2.5% 及 ±5.0%。注意，如果仪表为 S 级，则说明该仪表的最大引用误差不超过 $S\%$，但不能认为它在各刻度上的示值误差都具有准确度 $S\%$。

电工仪表准确度等级的标定，对正确选用电表及测量过程中量程的选择有很大意义。例如，用五级（1.5 级）电压表测量一个 12 V、50 Hz 的交流电压，现分别选用 15 V 和 150 V 两个量程进行测量，结果如下：

用 150 V 量程时，测量产生的最大绝对误差为

$$\Delta U_m = 150 \text{ V} \times (\pm 1.5\%) = \pm 2.25 \text{ V}$$

用 15 V 量程时，测量产生的最大绝对误差为

$$\Delta U_m = 15 \text{ V} \times (\pm 1.5\%) = \pm 0.225 \text{ V}$$

显然，用 15 V 量程测量 12 V 电压，绝对误差小很多。因此，为了减小测量误差，提高测量准确度，应使被测量示值出现在接近满刻度区域，一般最好在满刻度值的 2/3 以上，至少也得在 1/3 以上。

上边的例子说明，对同一个量的测量，同一个等级的仪表，如果量程选择不当就会产生很大的误差；只要量程选择适当，低级别的仪表测量时产生的误差并不会比高级别仪表

测量时产生的误差大。

另外要强调的是,仪表的基本误差越小,表示准确度等级越高。但准确度等级越高的仪表,价格也越贵,不仅使用条件苛刻,维护也困难。例如,万用表增加一些功能不会造成价格的太大提高,而提高了精确度的万用表则会造成价格的大幅提高。况且在不同的测量中,对其测量误差的大小,也就是测量准确度的要求往往是不同的。所以,在选择仪器仪表上要根据被测量的精度要求,兼顾仪表级别和量程上限,合理地选择,切不要盲目追求高级别的仪器仪表,以免造成不必要的浪费。通常 0.1、0.2 级仪表用作标准表或精密测量,0.5~1.0 级表用于实验室一般测量,1.5~5.0 级表为一般工程用表。

5. 电子测量仪器的误差

在电子测量中,由电子测量仪器本身性能不完善所引起的误差,称为电子测量仪器的误差,主要包括以下几类:

(1) 允许误差。技术标准、检定规程等对电子测量仪器所规定的允许误差的最大值称为允许误差。允许误差通常是电子测量仪器的重要技术指标。允许误差可用绝对误差或相对误差表示。

(2) 基本误差。即使所有的环境条件都满足测量要求,电子测量仪器同样会有误差,只不过此时的误差最小。电子测量仪器在标准条件下所具有的误差称为基本误差,也称固有误差。标准条件一般规定电子测量仪器影响量的标准值或标准范围(例如,环境温度 20℃±2℃ 等),它对使用条件更加严格,所以基本误差能够更准确地反映电子测量仪器所固有的性能。

(3) 附加误差。电子测量仪器在非标准条件下所增加的误差称为附加误差。例如,环境温度、放置方式、电源电压、量程选用、使用频率和波形不符合要求、有外磁场或外电场存在等。

有些电子测量仪器的允许误差就是以"基本误差+附加误差"的形式给出的。例如,某一信号发生器的输出电压在说明书中规定,在连续状态下,当频率为 400 MHz 时,输出电压刻度基本误差不大于 ±10%;输出电压在其他频率的附加误差为 ±7%。也就是说,输出电压刻度的允许误差为 ±10%(f = 400 MHz)、±7%($f \neq$ 400 MHz)。

1.5 常用元器件简介

1.5.1 无源器件

无源器件是指没有电压、电流或功率放大能力的元器件,这类元器件最常用的有电阻器(简称电阻)、电容器(简称电容)、电感器(简称电感)及二极管等。

1. 电阻器

1) 电阻器的定义

物体对电流通过的阻碍作用称为"电阻",利用这种材料做成的元件称为电阻器,简称电阻。不同材料的物体对电流的阻力是不同的。

2) 电阻器的符号和功能

电阻器在电路图中用字母 R 表示,基本单位欧姆(Ω),辅助单位有 kΩ、MΩ 和 GΩ,

进率为 10^3。常用图形符号为 —▭—。

电阻器是一种耗能器件，具有一定的功率。在电子设备中电阻器是使用最多的元件。它的主要功能是用作电路的负载、分流、限流、分压等。

3）电阻器的分类

按制造工艺和材料，电阻器可分为合金型、薄膜型和合成型三大类。

合金型电阻器是用块状的电阻合金拉制成电阻合金线或碾压成电阻合金箔制成的电阻器，它们均具有块状金属的优良性能。这种线绕电阻又分为被釉线绕电阻、被漆线绕电阻、瓷壳线绕电阻（水泥电阻）。线绕电阻因其额定功率较大，又称为功率型电阻器。

薄膜型电阻器是在玻璃或陶瓷基体上，用不同的工艺方法沉积一层导电材料制成的，其厚度从几十埃到几个微米，包括热分解碳膜、金属膜、金属氧化膜电阻器等。

合成型电阻器的电阻体是导电颗粒和有机（或无机）黏合剂的混合物，可以制成薄膜和实心两种形式，例如，合成碳膜、合成实心和金属玻璃釉电阻器等。

薄膜型和合成型这两大类电阻器的电阻体均不是用整块材料加工制成的，它们的导电材料内部具有分散结构，电性能与块状结构的材料有所不同，在习惯上把这两类电阻器统称为非线绕电阻器。

按用途，电阻器可分为通用型、精密型、高阻型、高压型、高频无感型和特殊型电阻。其中特殊型又分为光敏型、热敏型、压敏型电阻等。

国产电阻器一般用汉语拼音的第一字母来表示电阻器的制作材料，例如，RT 表示碳膜电阻器，RJ 表示金属膜电阻器，RX 表示线绕电阻器等。

4）电阻器的参数

（1）标称值。标称值是指标注于电阻体上的电阻值。为了便于工厂批量生产电阻，国标 GB2471—81 中规定了电阻器的系列电阻值。电阻器的标称值应符合表 1.1 所列数值，或表列数值再乘以 10^n，其中 n 为整数。

表 1.1　电阻器的标称值系列

E24 允许偏差 ±5%	E112 允许偏差 ±10%	E6 允许偏差 ±20%	E24 允许偏差 ±5%	E12 允许偏差 ±10%	E6 允许偏差 ±20%
1.0	1.0	1.0	3.3	3.3	3.3
1.1	—	—	3.6	—	—
1.2	1.2	—	3.9	3.9	—
1.3	—	—	4.3	—	—
1.5	1.5	1.5	4.7	4.7	4.7
1.6	—	—	5.1	—	—
1.8	1.8	—	5.6	5.6	—
2.0	—	—	6.2	—	—
2.2	2.2	2.2	6.8	6.8	6.8
2.4	—	—	7.5	—	—
2.7	2.7	—	8.2	8.2	—
3.0	—	—	9.1	—	—

（2）允许偏差。因为批量生产工艺的原因，所以每个电阻器的实际电阻值不一定正好等于其标称值，因此，允许有一定的偏差，该偏差称为允许偏差。

（3）标称功率。电阻体内有电流流过时要发热，发热温度太高容易烧毁电阻器。根据电阻器的材料和尺寸对电阻器的功率损耗要有一定的限制，以保证其安全工作的功率值是电阻器的标称功率。工业上大量生产的电阻器，为了既满足使用者对规格的各种要求，又能使规格品种简化到最低的程度，除了少数特殊的电阻器之外，一般都是按标准化的额定功率系列生产的。电阻器的功率系列如表 1.2 所示。

表 1.2　电阻器的功率系列

名称	额定功率/W					
实心电阻器	0.25	0.5	1	2	5	
线绕电阻器	0.5，1	2，6	10，15	25，35	50，75	100，150
厚膜电阻器	0.025，0.05	0.125，0.25	0.5，1	2，5	10，25	50，100

5）电阻器阻值的表示方法

（1）色标法。电阻器的国际色标分为四环和五环两种。图 1.7 所示为色环电阻的实物图片。标准系列 E6、E12 和 E24 的电阻器用四环标注，在四个色环中，从左至右的第一、第二色环表示电阻值的有效数字，第三环表示有效数字后面"0"的个数，第

图 1.7　色环电阻的实物图片

四环表示误差，如表 1.3 所示。五环则用来标注标准系列 E48、E96 和 E192 的电阻器，前三环表示电阻值的有效数字，第四环表示有效数字后面"0"的个数，第五环表示误差，如表1.4 所示。

表 1.3　电阻值四色环表示法（E6、E12、E24 系列）

特征色	第一色环 第一位有效数字	第二色环 第二位有效数字	第三色环 倍乘	第四色环 误差
无色	—	—		±20%
银	—	—	$\times 10^{-2}$ Ω	±10%
金	—	—	$\times 10^{-1}$ Ω	±5%
黑	0	0	$\times 10^{0}$ Ω	—
棕	1	1	$\times 10^{1}$ Ω	
红	2	2	$\times 10^{2}$ Ω	
橙	3	3	$\times 10^{3}$ Ω	
黄	4	4	$\times 10^{4}$ Ω	
绿	5	5	$\times 10^{5}$ Ω	
蓝	6	6	$\times 10^{6}$ Ω	
紫	7	7	$\times 10^{7}$ Ω	
灰	8	8	$\times 10^{8}$ Ω	
白	9	9	$\times 10^{9}$ Ω	

表 1.4 电阻值五色环表示法(E48、E96、E192 系列)

特征色	第一色环 第一位有效数字	第二色环 第二位有效数字	第三色环 第三位有效数字	第四色环 倍乘	第五色环 误差
无色	—	—	—	—	—
银	—	—	—	$\times 10^{-2}\ \Omega$	—
金	—	—	—	$\times 10^{-1}\ \Omega$	—
黑	0	0	0	$\times 10^{0}\ \Omega$	$\pm 1\%$
棕	1	1	1	$\times 10^{1}\ \Omega$	$\pm 2\%$
红	2	2	2	$\times 10^{2}\ \Omega$	—
橙	3	3	3	$\times 10^{3}\ \Omega$	—
黄	4	4	4	$\times 10^{4}\ \Omega$	—
绿	5	5	5	$\times 10^{5}\ \Omega$	$\pm 0.5\%$
蓝	6	6	6	$\times 10^{6}\ \Omega$	$\pm 0.25\%$
紫	7	7	7	$\times 10^{7}\ \Omega$	$\pm 0.1\%$
灰	8	8	8	$\times 10^{8}\ \Omega$	—
白	9	9	9	$\times 10^{9}\ \Omega$	—

色环电阻应用广泛,无论怎样安装,维修者都能方便地读出其阻值,便于检测和更换。但在实践中发现,有些色环电阻的排列顺序不甚分明,往往容易读错。因此,在识别时,可运用如下技巧判断色环电阻:

技巧 1:先找标志误差的色环,从而排列色环顺序。最常用的表示电阻误差的颜色是:金、银、棕,尤其是金环和银环,不表示有效数字,所以只要在电阻两端发现有金环和银环,就可以基本认定这是色环电阻的最末一环(即误差环)。

技巧 2:棕色环是否是误差标志的判别。棕色环既用作误差环,又常作为有效数字环,且常常在第一环和最末一环中同时出现,使人很难识别。在实践中,可以按照色环之间的间隔加以判别,例如,对于一个五环的电阻而言,第五环和第四环之间的间隔比第一环和第二环之间的间隔要宽一些,据此可判定色环的排列顺序。

技巧 3:在仅靠色环间距还无法判定色环顺序的情况下,还可以利用电阻的生产序列值来加以判别。例如,有一个电阻的色环读序是:棕、黑、黑、黄、棕,其值为 $100 \times 100\ 00 = 1\ M\Omega$,误差为 1%,属于正常的电阻系列值;若是反顺序读:棕、黄、黑、黑、棕,其值为 $140 \times 1\ \Omega = 140\ \Omega$,误差为 1%。显然按照后一种排序所读出的电阻值,在电阻的生产系列中是没有的,故后一种色环顺序是不对的。

图 1.8 给出了三种不同色环电阻的电阻示例。

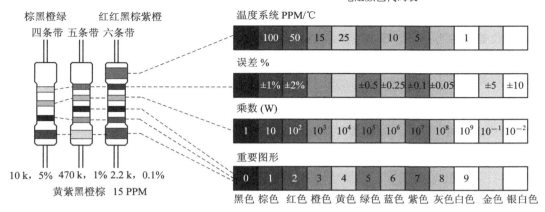

棕黑橙绿　　红红黑棕紫橙
四条带　五条带　六条带

温度系统 PPM/℃

| 100 | 50 | 15 | 25 | | 10 | 5 | | 1 | |

误差 %

| ±1% | ±2% | | ±0.5 | ±0.25 | ±0.1 | ±0.05 | | | ±5 | ±10 |

乘数 (W)

| 1 | 10 | 10^2 | 10^3 | 10^4 | 10^5 | 10^6 | 10^7 | 10^8 | 10^9 | 10^{-1} | 10^{-2} |

重要图形

| 0 | 1 | 2 | 3 | 4 | 5 | 6 | 7 | 8 | 9 | |

黑色 棕色 红色 橙色 黄色 绿色 蓝色 紫色 灰色 白色 金色 银白色

10 k，5% 470 k，1% 2.2 k，0.1%
黄紫黑橙棕 15 PPM

图 1.8　三种不同色环电阻的电阻示例

（2）直标法。用数字和单位符号在电阻器表面上直接标出，例如，4.7 kΩ±10%。

（3）数字符号法。在单位符号前面标出阻值的整数值，后面标出阻值的第一位小数值。例如，4k7 表示 4.7 kΩ，3M3 表示 3.3 MΩ。用 R 表示小数点，例如，3R3 表示 3.3 Ω，R22 表示 0.22 Ω。

（4）三位数字法。用三位阿拉伯数字表示电阻器的阻值，前两位数字表示电阻器阻值的有效数字，第三位数字表示有效数字后面"0"的个数（或 10 的幂数）。例如，200 表示 20 Ω，331 表示 330 Ω，472 表示 4.7 kΩ。

6）使用电阻器注意事项

（1）阻值及允许偏差。所选电阻器的电阻值应接近实际电路中计算值的一个标称值，应优先选用标准系列的电阻器。一般电路使用的电阻器允许偏差为±5%～±10%。精密仪器及特殊电路中使用的电阻器，应选用精密电阻器。

（2）功率。电阻的标称功率（额定功率）应大于电阻在电路中所消耗的功率（实际功率），否则电阻容易被烧毁。额定功率应为实际功率的 1.5～2 倍。

（3）电压。电阻两端的电压应小于电阻的最大工作电压，否则会损坏电阻。

电阻器种类繁多，选用时应根据电路的不同用途和要求，选择不同种类的电阻器。碳膜电阻器成本较低、频率特性好、噪声小且尺寸小，适合于数字电路和无特殊要求的一般电路。金属膜电阻器的耐热性、稳定性、频率特性都较好，常用于温度稳定性高、高频、低噪声、精密电路中。金属氧化膜电阻器主要用于大功率消耗设备。线绕电阻器的功率较大、温度系数好、电流噪声小、耐高温，但频率特性差、体积较大。普通线绕电阻器常用于低频电路或电源电路中作为限流电阻器、分压电阻器、泄放电阻器或大功率管的偏压电阻器；精度较高的线绕电阻器多用于固定衰减器、计算机及各种精密电子仪器中。

2．电位器

1）电位器的定义及符号

电位器是一种可调电阻，也是电子电路中用途最广泛的元器件之一。它对外有三个引出端，其中两个为固定端，另一个是中心抽头。转动或调节电位器转动轴，其中心抽头与固定端之间的电阻将发生变化。电路中常用表示符号为 ——□——。

2）电位器的种类

电位器的种类很多，形状各异。按材料可分为合成碳膜和金属氧化膜电位器等；按照调节方式可分为直滑式和旋转式电位器；按结构特点可分为抽头式和带开关的电位器等。常见电位器如图1.9所示。

图1.9　常见电位器实物图片

3）电位器的性能参数

电位器的性能参数有标称值、额定功率、阻值允许偏差、最大工作电压、额定工作电压、绝缘电压、温度参数、噪声电动势及高频特性等，这些参数的意义与电阻器相应特性参数的意义相同，除此之外还要注意如下指标：

（1）阻值变化规律。电位器在旋转时，其阻值随旋转角度的变化而变化，为了适应不同的用途，电位器的阻值变化规律亦不相同。常用的阻值变化规律有三种，即直线型、指数型、对数型。直线型：阻值按旋转角度均匀变化，适合于分压、单调等方面的调节作用；指数型：阻值按旋转角度依指数规律变化，普遍适用于音量控制电路，例如，收音机、录音机、电视机的音量控制器，因为人的听觉对声音的强弱是依指数规律变化的，若调制音量随电阻阻值按指数规律变化，则人耳听到的声音就感觉平稳舒适；对数型：阻值按旋转角度依对数规律变化，这种电位器多用在仪表当中，也适用于音调控制电路。

（2）滑动噪声。滑动噪声是电位器特有的噪声。在改变电阻值时，由于电位器电阻分配不当、转动系统配合不当以及电位器存在接触电阻等原因，会使动触点在电阻体表面移动时，输出端除有有用信号外，还伴有随着信号起伏不定的噪声。

对于线绕电位器来说，除了上述的动触点与绕组之间的接触噪声外，还有分辨力噪声和短接噪声。分辨力噪声是由电阻变化的阶梯性所引起的，而短接噪声则是当动触点在绕组上移动而短接相邻线匝时产生的，它与流过绕组的电流、线匝的电阻以及动触点与绕组间的接触电阻成正比。

（3）电位器的机械寿命。电位器的机械寿命也称磨损寿命，常用机械耐久性表示。机械耐久性是指电位器在规定的试验条件下，动触点可靠运动的总次数，常用"周"表示。机械寿命与电位器的种类、结构、材料及制作工艺有关，不同的电位器，机械寿命差异相当大。

4）电位器使用注意事项

（1）电位器的电阻体大多采用多碳酸类的合成树脂制成，应避免与以下物品接触：氨水、其他胺类、碱水溶液、芳香族碳氢化合物、酮类、脂类的碳氢化合物、强烈化学品（酸碱值过高)等，否则会影响其性能。

（2）电位器的端子在焊接时应避免使用水溶性助焊剂，否则将助长金属氧化与材料发霉；避免使用劣质焊剂，焊锡不良可能会造成上锡困难，导致接触不良或者断路；应避免助焊剂侵入电位器内部，否则将造成电刷与电阻体接触不良，调整电位器时会产生杂音。

（3）电位器的端子在焊接时，焊接温度过高或时间过长可能会损坏电位器。插脚式端子焊接时应在 235℃±5℃，3 秒钟内完成，焊接应离电位器本体 1.5 mm 以上，焊接时勿使焊锡流穿线路板；焊线式端子焊接时应在 350℃±10℃，3 秒钟内完成，且端子应避免重压，否则易造成接触不良。

（4）电位器适应于分压电路，且接线方式宜选择"1"脚接地；尽量避免用在分流电路中，因为电阻与接触片间的接触电阻不利于大电流的通过。

3. 电容器

1）电容器的定义

电容器，顾名思义就是储存电荷的容器，电容器是一种储能元件，可分为固定电容器和可变电容器。电容器是用绝缘物质将两个导体隔开构成的元件，两个导体就是电容器的两个电极。电容量的单位为法拉（F），法拉是一个很大的单位，常用的辅助单位有 mF（毫法，10^{-3}F）、μF（微法，10^{-6}F）、nF（纳法，10^{-9}F）、pF（皮法，10^{-12}F）。电容器在电路中通交流、隔直流，可用于滤波、耦合、旁路、振荡等电路中。

2）电容器的分类及符号

电容器的种类繁多，电容器按结构可分为固定电容器、可调电容器及预调电容器。常用电容器的图形符号如图 1.10 所示。

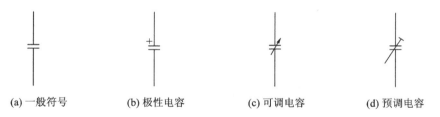

(a) 一般符号　　　(b) 极性电容　　　(c) 可调电容　　　(d) 预调电容

图 1.10　常用电容器的图形符号

电容的性能、结构和用途在很大程度上取决于所用的电介质，因此电容器常常又按电介质来分类，大致分为以下几类：

（1）有机介质电容器。如纸介电容器及有机薄膜介质电容器。

（2）无机介质电容器。如玻璃釉电容器、云母电容器、陶瓷电容器等。

（3）电解电容器。如铝电解电容器等。

（4）气体介质电容器。如空气电容器等。

3）电容器的参数

（1）标称值。标称电容量采用 IEC 标准系列，主要是采用 E6、E12 和 E24 系列，E48、E96 和 E192 系列通用于精密电容器。

（2）允许偏差。电容器允许偏差为

$$\delta = \frac{C - C_R}{C_R} \times 100\%$$

4）电容器容量的表示方法

（1）数字和字母表示法。用数字表示有效值，用 p、n、M、μ、G、m 等字母表示有效值后面的量级。标注数值时不用小数点，整数写在字母前，小数写在字母后面，例如，3p3 表示 3.3 pF，4n7 表示 4700 pF，8m2 表示 8200 μF，M1 表示 0.1 μF，G1 表示 1000 μF。小写字母为单位符号，大写字母为词头符号，单位为 pF。

（2）三位数码表示法。一般用三位数字来表示容量的大小，单位为 pF。前两位为有效数字，后一位表示倍率，例如，104 表示 100 000 pF，223 表示 22 000 pF。当第三位数字是 9 时，对有效数字乘以 0.1，例如，479 表示 4.7 pF。

（3）直接表示法。将电容器的容量和绝对误差直接标出，例如，8.2 μF±0.4 表示该电容器的容量在(8.2−0.4) μF～(8.2+0.4) μF 之间。有的只标出容量，例如，100 μF。

5）使用电容器的注意事项

（1）电解（有极性）电容器的正、负极不能接反。当电压高于 2 V 时，若电解电容器上的电压极性接反，则氧化层将被腐蚀，电解质显著发热，导致气体形成而可能引起爆炸。

（2）电路工作电压不能高于电容器额定电压。根据电路工作电压的有效值，计算出峰值电压，峰值电压不能高于电容器额定电压，否则电容器被击穿。

（3）铝电解电容器滤波时应并联一个 0.1～1 μF 的独石电容，因为铝电解电容器的固有电感大，高频滤波效果差，所以应并联一个小电容滤除高频分量。对于铝电解电容器，当温度低于−20℃时，容量将随温度的下降而急剧减小，损耗则急剧上升；当温度超过 40℃时，漏电流迅速增加。因此，使用时应注意温度范围。

（4）当实验工作电压较高时，对于实验用的大容量电容器，因为其自身放电较慢，因此，做完实验要及时放电，以免触摸时遭电击。

4. 电感器

1）电感器的定义

电感器是一种非线性元件，可以储存磁能。由于通过电感的电流值不能突变，所以，电感对直流电流短路，对突变的电流呈高阻态。电感器在电路中的基本用途有：扼流、交流负载、振荡、陷波、调谐、补偿、偏转等。

电感器是一种常用的电子元器件。当电流通过导线时，导线的周围会产生一定的电磁场，处于这个电磁场中的导线会产生感应电动势——自感电动势，这种现象称为电磁感应。为了加强电磁感应，人们常将绝缘的导线绕成一定圈数的线圈，这个线圈称为电感线圈或电感器，简称电感。

2）电感器的分类及符号

按导磁体性质，电感器可分为空心线圈、铁氧体线圈、铁芯线圈、铜芯线圈；

按工作性质，电感器可分为天线线圈、振荡线圈、扼流线圈、陷波线圈、偏转线圈；

按绕线结构，电感器可分为单层线圈、多层线圈、蜂房式线圈、高频贴片陶瓷电感；

按电感形式，电感器可分为固定电感线圈、可变电感线圈；

按结构特点，电感器可分为磁芯线圈、可变电感线圈、色码电感线圈、无磁芯线圈。

另外，根据工作频率和过电流大小，电感器可分为高频电感、功率电感等。

在电路原理图中，电感器常用符号"L"加数字表示，不同类型的电感器在电路原理图中通常采用不同的符号来表示，如图 1.11 所示。常用电感器实物如图 1.12 所示。

图 1.11　不同类型的电感器图形符号　　　图 1.12　常用电感器实物图片

3）电感的主要特性参数

（1）电感量 L。电感器工作能力的大小用"电感量"来表示，电感量表示产生感应电动势的能力。它表示线圈本身的固有特性，与电流大小无关。除专门的电感线圈（色码电感）外，电感量一般不专门标注在线圈上，而以特定的名称标注。电感量基本单位是亨利（H），常用单位为毫亨（mH）、微亨（μH）和纳亨（nH），它们之间的换算关系如下：

$$1\ \mathrm{H} = 1000\ \mathrm{mH} = 1\ 000\ 000\ \mu\mathrm{H} = 1\ 000\ 000\ 000\ \mathrm{nH}$$

（2）感抗 X_L。电感线圈对交流电流阻碍作用的大小称为感抗 X_L，单位是欧姆（Ω）。它与电感量 L 和交流电频率 f 的关系为 $X_L = 2\pi f L$。

（3）品质因素 Q。品质因素 Q 是表示线圈质量的一个物理量，Q 为感抗 X_L 与其等效的电阻的比值，即 $Q = X_L / R$。线圈的 Q 值愈高，回路的损耗愈小。线圈的 Q 值与导线的直流电阻、骨架的介质损耗、屏蔽罩或铁芯引起的损耗、高频趋肤效应的影响等因素有关。线圈的 Q 值通常为几十到几百，采用磁芯线圈、多股粗线圈均可提高线圈的 Q 值。

（4）分布电容。线圈的匝与匝间、线圈与屏蔽罩间、线圈与底版间存在的电容称为分布电容。分布电容的存在使线圈的 Q 值减小，稳定性变差。因此，线圈的分布电容越小越好，采用分段绕法可减小分布电容。

（5）允许误差。电感量实际值与标称值之差除以标称值所得的百分数称为允许误差。

（6）标称电流。标称电流是指线圈允许通过的电流大小。通常用字母 A、B、C、D、E 分别表示标称电流值 50 mA、150 mA、300 mA、700 mA、1600 mA。

4）电感量的标示方法

电感器的电感量标示方法有直标法、文字符号法、色标法及数码标示法。

（1）直标法。直标法是将电感器的标称电感量用数字和文字符号直接标在电感器体上，电感量单位后面用一个英文字母表示其允许偏差，各字母所代表的允许偏差如表 1.5 所示。例如，560 μHK 表示标称电感量为 560 μH，允许偏差为 $\pm 10\%$。

表 1.5　字母代表的允许偏差

文字符号	Y	X	E	L	P	W	B	C
允许误差	± 0.001	± 0.002	± 0.005	± 0.01	± 0.02	± 0.05	± 0.1	± 0.25
文字符号	D	F	G	J	K	M	N	—
允许误差	± 0.5	± 1	± 2	± 5	± 10	± 20	± 30	—

（2）文字符号法。文字符号法是将电感器的标称值和允许偏差值用数字和文字符号按一定的规律组合标注在电感体上。采用这种标示方法的通常是一些小功率电感器，用 N 或

R 代表小数点，其单位通常为 nH 和 μH，例如，4N7 表示电感量为 4.7nH，4R7 表示电感量为 4.7 μH，47N 表示电感量为 47 nH，6R8 表示电感量为 6.8 μH。采用这种标示法的电感器通常后缀一个英文字母表示允许偏差，各字母代表的允许偏差与直标法相同（见表 1.5）。

（3）色标法。色标法是指用在电感器表面涂有不同颜色的色环来表示电感量（与电阻器类似）。通常用四色环表示，紧靠电感体一端的色环为第一环，露着电感体本色较多的另一端为末环。其第一色环是十位数，第二色环为个位数，第三色环为应乘的倍数（单位为 μH），第四色环为误差率，各种颜色所代表的数值如表 1.3 所示。例如，色环颜色分别为棕、黑、金、金的电感器的电感量为 1 μH，误差为 5%。

（4）数码标示法。数码标示法是指用三位数字来表示电感器电感量的标称值，该方法常见于贴片电感器上。在三位数字中，从左至右的第一、第二位为有效数字，第三位数字表示有效数字后面所加 "0" 的个数（单位为 μH）。如果电感量中有小数点，则用 R 表示，并占一位有效数字。电感量单位后面用一个英文字母表示其允许偏差，各字母代表的允许偏差如表 1.5 所示。例如，标示为 102J 的电感量为 $10 \times 10^2 = 1000$ μH，允许偏差为 $\pm 5\%$；标示为 183K 的电感量为 18 mH，允许偏差为 $\pm 10\%$。需要注意的是，要将这种标示法与传统的方法区别开，例如，标示为 470 或 47 的电感量为 47 μH，而不是 470 μH。

5. 二极管

1）二极管的结构及符号

二极管又称晶体二极管，它是由一个 P 型半导体和 N 型半导体形成的 PN 结，在两端加上接触引线并以外壳封装而成。接在 P 区的引线为阳极（正极），接在 N 区的引线为阴极（负极）。电路中常用的表示符号如图 1.13 所示，实物如图 1.14 所示。

图 1.13　常用二极管的图形符号

图 1.14　常见二极管的实物图片

2）二极管的工作特性

（1）正向特性。在电子电路中，将二极管的正极接在高电位端，负极接在低电位端，二极管就会导通，这种连接方式称为正向偏置。必须说明，当加在二极管两端的正向电压很小时，二极管仍然不能导通，因为流过二极管的正向电流十分微弱；只有当正向电压达到某一数值（这一数值称为门坎电压，又称导通电压）以后，二极管才能真正导通。导通后二极管两端的电压基本上保持不变（锗管约为 0.1～0.3 V，硅管约为 0.5～0.7 V），称为二极管的正向压降。

（2）反向特性。在电子电路中，二极管的正极接在低电位端，负极接在高电位端，此时二极管中几乎没有电流流过，二极管处于截止状态，这种连接方式称为反向偏置。当二极管处于反向偏置时，仍然会有微弱的反向电流流过二极管，该电流称为漏电流。当二极管两端的反向电压增大到某一数值时，反向电流会急剧增大，此时二极管将失去单方向导电特性，这种状态称为二极管的击穿。

3）常用二极管的类型

二极管按用途分为以下几类：

（1）整流二极管。整流二极管由硅半导体材料制成，用于整流电流，常用的有 IN4000 系列。

（2）检波二极管。检波二极管一般由锗材料制成，常用的有 2AP 系列。

（3）稳压二极管。稳压二极管是一种齐纳二极管，它利用了二极管反向击穿时，两端电压能固定在某一电压值上基本不随电流的大小而发生变化的特性。需要注意的是，使用稳压二极管时，负极应接电源正极，正极应接电源负极，即使用二极管的反向特性，并且需要串联一个限流电阻来限制击穿后的电流大小，以免烧坏二极管。稳压管常用于稳压要求不高的场合，使用时要注意稳压管的稳压值和功率。

（4）发光二极管。发光二极管（LED）的伏安特性与普通二极管的伏安特性基本一样，只是它的正向压降较大，并在压降达到一定值时发光，发光的颜色与构成 PN 结的材料有关。发光二极管正向管压降随发光颜色不同而不同，一般为 1.5 V 左右，电流一般小于 20 mA。使用发光二极管时，若要电源驱动，一般要在电路中串联限流电阻，以免损坏管子。

4）二极管的主要参数

（1）最大整流电流。它是晶体二极管在正常连续工作时，能通过的最大正向电流值。使用时电路的最大电流不能超过此值，否则二极管就会因发热而烧毁。

（2）最高反向工作电压。它是二极管正常工作时所能承受的最高反向电压值，是击穿电压值的一半。也就是说，将一定的反向电压加到二极管两端，二极管的 PN 结不致引起击穿。一般使用时，外加反向电压不得超过此值，以保证二极管的安全。

（3）最大反向电流。它是指在最高反向工作电压下允许流过的反向电流。这个电流的大小反映了晶体二极管单向导电性能的好坏。如果这个反向电流值太大，就会使二极管因过热而损坏，因此，这个值越小，表明二极管的质量越好。

（4）最高工作频率。它是指二极管能正常工作的最高频率。如果通过二极管电流的频率大于此值，那么二极管将不能起到它应有的作用。在选用二极管时，一定要考虑电路频率的高低，选择能满足电路频率要求的二极管。

1.5.2 有源器件

有源器件是指有电压、电流或功率放大作用的器件，这里仅简介三极管、场效应管等有源器件。

1. 三极管

1）三极管的结构及符号

晶体三极管是半导体基本元器件之一，具有电流放大作用，是电子电路的核心元件之一。三极管是在一块半导体基片上制作两个相距很近的 PN 结，这两个 PN 结把整块半导体分成三部分，中间部分是基区，两侧部分分别是发射区和集电区，排列方式有 PNP 和 NPN 两种。电路中晶体三极管符号如图 1.15 所示。

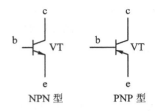

NPN 型   PNP 型

图 1.15　晶体三极管电路符号

2）三极管的封装形式和管脚识别

目前，各种类型的晶体三极管有许多种，封装形式和管脚的排列不尽相同。三极管的封装形式是指三极管的外形参数，也就是安装半导体三极管用的外壳。材料方面，三极管的封装形式主要有金属、陶瓷和塑料形式；结构方面，三极管的封装为 TO×××，×××表示三极管的外形；装配方式有通孔插装（通孔式）、表面安装（贴片式）和直接安装；引脚形状有长引线直插、短引线和无引线贴装等。常用三极管的封装形式有 TO‐92、TO‐126、TO‐3 和 TO‐220 等。图 1.16 给出了几种常见三极管的实物图片和管脚排列。

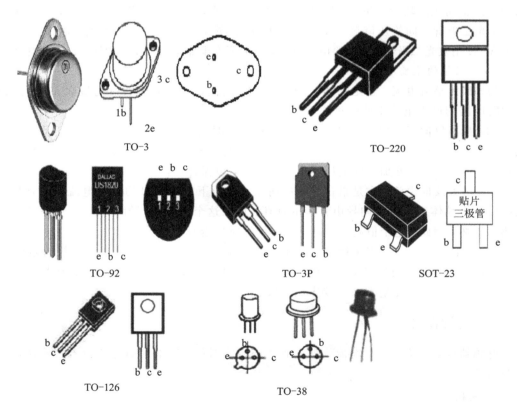

图 1.16　常见三极管的实物图片和管脚排列

3）三极管的电流放大作用

晶体三极管具有电流放大作用，其实质是三极管能以基极电流微小的变化量来控制集电极电流较大的变化量，这是三极管最基本和最重要的特性。我们将 $\Delta I_\mathrm{c}/\Delta I_\mathrm{b}$ 的比值称为晶体三极管的电流放大倍数，用符号"β"表示。电流放大倍数对于某一只三极管来说是一个定值，但随着三极管工作时基极电流的变化也会有一定的改变。

4）三极管的三种工作状态

（1）截止状态。当加在三极管发射结的电压小于 PN 结的导通电压时，基极电流为零，集电极电流和发射极电流也为零，这时三极管失去了电流放大作用，集电极和发射极之间相当于开关的断开状态，这时三极管处于截止状态。

（2）放大状态。当加在三极管发射结的电压大于 PN 结的导通电压，并处于某一恰当的值时，三极管的发射结正向偏置，集电结反向偏置，这时基极电流对集电极电流起着控制作用，使三极管具有电流放大作用，其电流放大倍数 $\beta=\Delta I_\mathrm{c}/\Delta I_\mathrm{b}$，这时三极管处于放大状态。

（3）饱和导通状态。当加在三极管发射结的电压大于 PN 结的导通电压，并且基极电流增大到一定程度时，集电极电流不再随着基极电流的增大而增大，而是处于某一定值附近缓慢变化，这时三极管失去电流放大作用，集电极与发射极之间的电压很小，集电极和发射极之间相当于开关的导通状态，这时三极管处于饱和导通状态。

2. 场效应管

场效应晶体管（Field Effect Transistor，FET）简称场效应管，由多数载流子参与导电，也称为单极型晶体管。它属于电压控制型半导体器件，具有输入电阻高（100～1000 MΩ）、噪声小、功耗低、动态范围大、易于集成、没有二次击穿现象、安全工作区域宽等优点，现已成为双极型晶体管和功率晶体管的强大竞争者。图 1.17 给出了常见场效应管的实物图片。

图 1.17　常见场效应管的实物图片

1）场效应管的分类

场效应管分为结型场效应管（JFET）和绝缘栅型场效应管（MOS）两大类；按沟道材料分为 N 沟道和 P 沟道两种；按导电方式又可分为耗尽型与增强型。结型场效应管均为耗尽型，绝缘栅型场效应管既有耗尽型，也有增强型。

（1）结型场效应管（JFET）。结型场效应管有 N 沟道和 P 沟道两种结构形式。结型场效应管的符号如图 1.18 所示。结型场效应管也具有三个电极：栅极（g）、漏极（d）和源极（s）。电路符号中栅极的箭头方向可理解为两个 PN 结的正向导电方向。

结型场效应管的工作原理（以 N 沟道结型场效应管为例）：由于 PN 结中的载流子已经耗尽，故 PN 结基本上是不导电的，

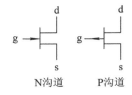

图 1.18　结型场效应管符号

从而形成了所谓耗尽区。当漏极电源电压 E_d 一定时，如果栅极电压越负，则 PN 结交界面所形成的耗尽区就越厚，漏、源极之间导电的沟道就越窄，漏极电流 I_d 就越小；反之，如果栅极电压没有那么负，则沟道变宽，I_d 变大。所以，用栅极电压可以控制漏极电流 I_d 的变化，即场效应管是电压控制元件。

（2）绝缘栅场效应管（MOS）。绝缘栅场效应管按结构和导电方式可分为四种结构形式，如图 1.19 所示。它是由金属、氧化物和半导体所组成的，所以又称为金属-氧化物-半导体场效应管，简称 MOS 场效应管。

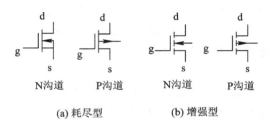

图 1.19　绝缘栅型场效应管符号

绝缘栅场效应管的工作原理（以 N 沟道增强型绝缘栅场效应管为例）：利用 U_{gs} 来控制"感应电荷"的多少，以改变由这些"感应电荷"形成的导电沟道的状况，然后达到控制漏极电流的目的。在制造管子时，通过工艺使绝缘层中出现大量正离子，故在交界面的另一侧能感应出较多的负电荷，这些负电荷把高掺杂质的 N 区接通，形成了导电沟道，即使在 $U_{gs}=0$ 时也有较大的漏极电流 I_d。当栅极电压改变时，沟道内被感应的电荷量也改变，导电沟道的宽窄也随之而变，因而漏极电流 I_d 随着栅极电压的变化而变化。

场效应管的工作方式有两种：当栅压为零时，有较大漏极电流的称为耗散型；当栅压为零，漏极电流也为零时，必须再加一定的栅压之后才有漏极电流的称为增强型。

2）结型场效应管的管脚识别

判定栅极 g：将万用表拨至 R×1K 挡，用万用表的负表笔任意接一电极，另一只表笔依次去接触其余的两个极，测其电阻。若两次测得的电阻值近似相等，则负表笔所接电极为栅极，另外两电极为漏极和源极。漏极和源极互换，若两次测得的电阻都很大，则为 N 沟道；若两次测得的阻值都很小，则为 P 沟道。

判定源极 s、漏极 d：在源、漏极之间有一个 PN 结，因此根据 PN 结正、反向电阻存在差异，可识别 s 极与 d 极。用交换表笔法测两次电阻，其中电阻值较低（一般为几千欧至十几千欧）的一次为正向电阻，此时黑表笔接的是 s 极，红表笔接的是 d 极。

3）场效应管与晶体三极管的比较及各自应用特点

（1）场效应管的源极 s、栅极 g、漏极 d 分别对应于三极管的发射极 e、基极 b、集电极 c，它们的作用相似。

（2）场效应管是电压控制电流器件，其放大系数 g_m 一般较小，因此场效应管的放大能力较差；三极管是电流控制电流器件。

（3）场效应管栅极几乎不吸取电流，而三极管工作时基极总要吸取一定的电流。因此场效应管的输入电阻比三极管的输入电阻高。

（4）场效应管只有多子参与导电，三极管有多子和少子两种载流子参与导电，而少子浓度受温度、辐射等因素影响较大，因而场效应管比晶体管的温度稳定性好、抗辐射能力强。在环境条件（温度等）变化很大的情况下应选用场效应管。

（5）场效应管的噪声系数很小，在低噪声放大电路的输入级及要求信噪比较高的电路中要选用场效应管。

（6）三极管导通电阻大，场效应管导通电阻小，只有几百毫欧。电路中场效应管可作开关来使用，它的效率较高。

4）场效应管主要参数

（1）直流参数。饱和漏极电流 I_{dss}：当栅、源极之间的电压等于零，而漏、源极之间的电压大于夹断电压时，对应的漏极电流。

夹断电压 U_P：当 U_{ds} 一定时，使 I_d 减小到一个微小的电流时所需的 U_{gs}。

开启电压 U_T：当 U_{ds} 一定时，使 I_d 到达某一个数值时所需的 U_{gs}。

（2）交流参数。低频跨导 g_m：用来描述栅、源电压对漏极电流的控制作用。

极间电容：场效应管三个电极之间的电容，它的值越小表示管子的性能越好。

（3）极限参数。漏、源击穿电压：当漏极电流急剧上升时，产生雪崩击穿时的 U_{ds}。

栅极击穿电压：当结型场效应管正常工作时，栅、源极之间的 PN 结处于反向偏置状态，若电压过高，则产生击穿现象，此时的栅极电压称为栅极击穿电压。

3. 集成电路

集成电路是一种微型电子器件。它采用一定的工艺，把一个电路中所需的晶体管、二极管、电阻、电容和电感等元件及布线互连在一起，制作到一小块或几小块半导体晶片或介质基片上，然后封装在一个管壳内，成为具有所需电路功能的微型结构。其中所有元件在结构上已组成一个整体，这样整个电路的体积大大缩小，且引出线和焊接点的数目也大为减少，从而使电子元件向着微小型化、低功耗和高可靠性迈进了一大步。它在电路中用字母"IC"（也有用符号"N"等）表示。图 1.20 给出了常见集成电路芯片的实物图片。

图 1.20　常见集成电路芯片的实物图片

1）集成电路的分类

（1）按功能结构分类。集成电路按其功能、结构的不同，可以分为模拟集成电路、数字集成电路和数/模混合集成电路三大类。模拟集成电路用来产生、放大和处理各种模拟信号（指幅度随时间变化的信号。例如，半导体收音机的音频信号、录放机的磁带信号等），其输入信号和输出信号成比例关系。而数字集成电路用来产生、放大和处理各种数字信号（指在时间和幅度上离散取值的信号。例如，3G 手机、数码相机、电脑 CPU、数字电视的逻辑控制和重放的音频信号和视频信号）。

（2）按集成度高低分类。集成电路按集成度高低的不同可分为以下几类：

SSI 小规模集成电路(Small Scale Integrated circuits)；

MSI 中规模集成电路(Medium Scale Integrated circuits)；

LSI 大规模集成电路(Large Scale Integrated circuits)；

VLSI 超大规模集成电路(Very Large Scale Integrated circuits)；

ULSI 特大规模集成电路(Ultra Large Scale Integrated circuits)；

GSI 巨大规模集成电路或超特大规模集成电路(Giga Scale Integration)。

（3）按导电类型分类。集成电路按导电类型可分为双极型集成电路和单极型集成电路，它们都是数字集成电路。双极型集成电路的制作工艺复杂，功耗较大，代表集成电路有 TTL、ECL、HTL、LST‐TL、STTL 等类型；单极型集成电路的制作工艺简单，功耗也较低，易于制成大规模集成电路，代表集成电路有 CMOS、NMOS、PMOS 等类型。

2）集成电路的引脚识别

集成电路是完成特定电子技术功能的电子线路。随着制作水平的日臻完善，其功能越来越多，因而引脚数量必然增加，表征其功能的技术指标也越来越复杂。如何正确识别集成电路的引脚是使用中的首要问题。下面简要介绍几种常用集成电路引脚的排列形式和引脚顺序识别方法。

集成电路的封装材料及外形有多种。最常用的封装材料有塑料、陶瓷及金属三种。封装外形最多的是圆筒形、扁平形及双列直插形。圆筒形金属壳封装多为 8 脚、10 脚及 12 脚，菱形金属壳封装多为 3 脚及 4 脚，扁平形陶瓷封装多为 12 脚及 14 脚，单列直插式塑料封装多为 9 脚、10 脚、12 脚、14 脚及 16 脚，双列直插式陶瓷封装多为 8 脚、12 脚、14 脚、16 脚及 24 脚，双列直插式塑料封装多为 8 脚、12 脚、14 脚、16 脚、24 脚、42 脚及 48 脚。

（1）圆形金属封装。它与金属壳封装的半导体三极管差不多，只不过体积大、电极引脚多。这种集成电路引脚排列方式为从识别标记开始，沿顺时针方向依次为脚 1、2、3、…、N，如图 1.21 所示。

图 1.21　圆形结构集成电路引脚示例

（2）单列直插式塑料封装。单列直插式集成电路的识别标记，有的用倒角，有的用凹坑。这类集成电路引脚的排列方式也是从标记开始，从左向右依次为脚 1、2、3、…、N，如图 1.22 所示。

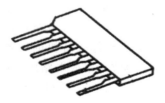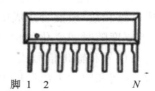

图 1.22　单列直插式集成电路引脚示例

（3）扁平型封装。集成电路多为双列型和四边形，这种集成电路为了识别管脚，一般在端面一侧有一个类似引脚的小金属片，或者在封装表面上有一色标或凹口作为标记。其引脚排列方式是从标记开始，沿逆时针方向依次为脚 1、2、3、…、N，如图 1.23 所示。但应注意，有少量的扁平型封装集成电路的引脚是顺时针排列的。

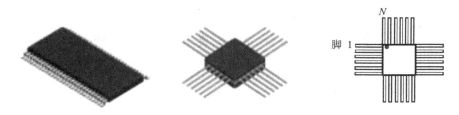

图 1.23　扁平型封装的集成电路引脚示例

（4）双列直插式塑料封装。集成电路的识别标记多为半圆形凹口，有的用金属封装标记或凹坑标记。这类集成电路引脚排列方式也是从标记开始，沿逆时针方向依次为脚 1、2、3、…、N，如图 1.24 所示。

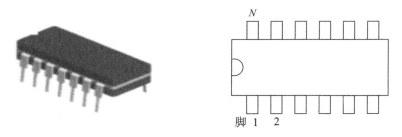

图 1.24　双列直插式集成电路引脚示例

3）集成电路的检测

（1）不在线检测。这种方法是在集成电路未焊入电路时进行的，一般情况下可用万用表测量各引脚对应于接地引脚之间的正、反向电阻值，并和完好的集成电路进行比较。

（2）在线检测。这是一种通过万用表检测集成电路各引脚在线（集成电路在电路中）直流电阻、对地交直流电压以及总工作电流的检测方法。这种方法克服了代换实验法需要有可代换集成电路的局限性和拆卸集成电路的麻烦，是检测集成电路最常用和实用的方法。

① 直流工作电压测量法。这是一种在通电情况下，用万用表直流电压挡对直流供电电压、外围元件的工作电压进行测量的方法。检测集成电路各引脚对地直流电压值，并与正常值相比较，进而压缩故障范围，查出损坏的元件。

② 交流工作电压测量法。为了掌握集成电路交流信号的变化情况，可以用带有 dB 插孔的万用表对集成电路的交流工作电压进行近似测量。检测时万用表置于交流电压挡，在正表笔串接一只 0.1～0.5 μF 的隔直电容，测量集成电路各引脚对地交流电压值，并与正常值相比较，进而查找故障。该法适用于工作频率较低的集成电路。

③ 总电流测量法。该法是通过检测集成电路电源进线的总电流来判断集成电路好坏的一种方法。由于集成电路内部绝大多数为直接耦合，集成电路损坏时（如某一个 PN 结击穿或开路）会引起后级饱和或截止，使总电流发生变化。所以通过测量总电流的方法可以判断集成电路的好坏。

第2章 常用仪器仪表及其使用

2.1 仪器仪表分类及系统组成

2.1.1 仪器仪表的分类

仪器仪表品种繁多,有多种分类方法。按使用功能可分为专用仪器和通用仪器两大类。专用仪器是为特定目的而专门设计制造的,它只适用于特定的测量对象和测量条件;通用仪器的灵活性好,应用面广。

仪器仪表主要可以分为以下几类:

1. 电源

用于提供实验电路以及设备所需的电源。电源类仪器不是测量仪器,而属于测量环境提供的设备。在具体的测量中,采用合适的电源是保证测量正确进行的必要条件。常用的电源设备有直流稳压电源、交流稳压电源、跟踪电源等。

2. 信号发生器

用于提供测量所需的各种波形信号,如低频信号发生器、函数信号发生器和噪声信号发生器等。

3. 信号分析仪器

用于观测、分析和记录各种电量的变化,包括时域示波器、电子计数器、频率分析仪和逻辑分析仪等。

4. 网络特性测量仪器

用于测量电气网络的频率特性等。

5. 电子元器件测试仪器

用于测量元器件的各种电参数或显示元器件的特性曲线等,如电路元件(R、L、C)测试仪、晶体管特性图示仪、集成电路测试仪等。

6. 频域和数字域分析仪器

用于测量各种电子器件或电路的频率特性,如频谱分析仪、扫频仪等。

7. 电波特性测试仪器

用于对电波传播、电磁场强度、干扰强度等参量进行测量,如测试接收机、场强测量仪、干扰测试仪等。

2.1.2 测量系统的基本组成

测量系统是由一些功能不同的单元所组成的,这些电路单元保证了由获取信号到获得被测量值所需的信号流程功能。从完成测量任务的角度来看，基本的测量系统大致可以分为两种，即对主动量的测量和对被动量的测量，如图 2.1 所示。

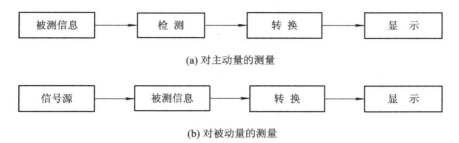

图 2.1　测量系统的组成框图

图 2.1(a)中，被测信息即为测试对象，它既可以是电信号，也可以是非电信号。在整个测量系统中，被测信号是自发的，因而是主动的。检测环节主要针对被测信号是非电量（例如，温度、压力等）的情况。该环节主要由传感器组成，将非电量变换为有用的电量（例如，电压、电流）。若被测信息是电信号，则检测环节可以省略。

图 2.1(b)中，测量对象是被测网络中的某个特性参数，它只有在信号源的激励下才能产生，因而是被动的。激励信号由信号发生器提供。

转换环节用于对被测信号进行加工转换，例如，放大、滤波、检波、调制与解调、阻抗变换、线性化、数模或模数转换等，使之成为合乎需要，便于输送、显示或记录以及可作进一步后续处理的信号。显示环节是将加工转换后的信号变成一种能被人们理解的形式，例如，模拟指示、数字显示、图形等，以供人们观测和分析。

电子测量仪器的基本结构模型如图 2.2 所示。

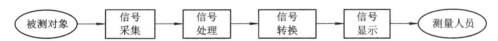

图 2.2　电子测量仪器的基本结构模型

2.1.3　电子测量仪器的工作特性

工作特性是指用数值、误差范围来表征仪器测量性能的特性，通常又可称为技术指标。电子测量仪器的工作特性主要分为电气工作特性和一般工作特性。电气工作特性指量程、误差、工作频率范围、输入特性等；一般工作特性指电源、尺寸、重量、可靠性等。

1.误差

它可以用工作误差、固有误差、影响误差、稳定误差等来表示。

2.稳定性

在工作条件恒定的情况下，在规定时间内电子测量仪器保持其指示值或供给值不变的能力称为仪器的稳定性。稳定性只与时间有关。

3.分辨力

分辨力是电子测量仪器可能检测出的被测量最小变化的能力。一般来说，数字式仪器的分辨力是读数装置最后一位的一个数字，模拟式仪器的分辨力是读数装置的最小刻度的一半。

4. 有效范围和动态范围

有效范围是指仪器在满足误差要求的情况下，所能测量的最大值与最小值之差，习惯上称为仪器的量程。

动态范围是指仪器在不调整量程挡级和满足误差要求的情况下，容许被测量的最大相对变化范围。

5. 测试速率

测试速率是指单位时间内仪器读取被测量数值的次数。数字式仪器的测量速率远高于指针式仪器。

6. 可靠性

仪器在规定时间内和规定条件下，满足其技术条件、规定性能的能力称为可靠性，它是反映产品是否耐用的一项综合性质量指标。

2.1.4 仪器安全使用原则

仪器安全使用原则是指在使用仪器时，应充分考虑人身安全和仪器、被测量电路安全，避免安全事故。

1. 安全用电原则

安全用电是仪器使用中首先要注意的。安全用电指不对人身、仪器和被测电路造成危害的用电方式，其重点是仪器的正确接地。大多数仪器使用交流市电作为电源，这时要特别注意使用带地线的交流电。仪器本身不带电，但因地线未与交流电源地线连接好，可能会对人身安全造成危害，也有可能对仪器和被测电路造成危害。接地时还要注意，不能形成电路回路，有接地的仪器和与交流电源有热连接的被测电路连接时，要特别注意这一点。

2. 量程裕量原则

如果被测量超过仪器仪表的量程，则会给仪器仪表带来不安全因素，严重时会损坏仪器仪表，即使未给仪器仪表造成损坏，也会导致其性能的下降。因此，在使用时，仪器仪表的量程应大于被测量，但不要过大，否则会造成测量精度的下降。一般来说，在不知被测量大致值的情况下，应首先选用仪器仪表的高挡位，然后逐渐减小量程。

3. 降低冲击电流或瞬时高压的影响

在电源开、关的瞬间，或仪器仪表接入电路的瞬间，都会或多或少地产生冲击电流或瞬时高压，特别是在一些有感和电容的电路中，常常会产生这些冲击电流或瞬时高压。这个电流可能会对电路或仪器带来危害，因此在使用时，应先分析电路，同时在接入仪器时，应先将电路断电，从而最大限度地降低冲击电流或瞬时高压对电路或仪器的影响。

4. 仪器和被测电路安全原则

一些仪器，如稳压电源、信号发生器等，会向电路提供电源或信号，如果提供的电源或信号超过电路的承受能力，则可能会对电路造成危害。因此，在使用这些仪器时，应先分析电路，然后再选择合适的挡位。

在实际电路中，由于电路板的焊点很近或导线位置很近，测量时极易导致短路，从而损坏电路或仪器，因此，在仪器仪表接入电路时，应先断开电路的电源。如果有大电容等储能元件，还应用安全的方法将其中储存的电能放掉，然后再进行测量。例如，用万用表的欧姆挡测量稳压电路输入端的电阻时，如果没有将滤波电容中的电荷放掉，则可能会导致大电流流过万用表造成万用表的损坏。

5. 正确运输和保管

仪器仪表是精密设备，要正确地运输和保管才能保证其不致损坏和降低性能。一般说来，仪器仪表在运输以及搬动和移动时，应轻拿轻放，避免剧烈振动。在储放时，应保持低湿度，同时避免高温和低温。储存台面和放置架应有防静电措施，并且储存室和使用仪器的实验室不能与避雷针的接地线过近。

2.2 数字万用表

2.2.1 概述

万用表亦称复用表或多用表，是目前最常用、最普及的工具类电子测量仪表，利用它可完成多种测量任务。万用表有两种类型，即指针万用表（VOM）和数字万用表（DMM）。两类仪表各具特色，互为补充。

数字万用表又称数字多用表。与指针式万用表相比，数字万用表具有输入阻抗高、准确度高、电压灵敏度高、分辨力高、测量速度快、体积小、抗干扰能力强、自动化和智能化程度很高、保护电路完善、测量参数多等优越性。同时，它的测量数值液晶显示读数清晰，使用方便，测量准确，有的还具有语音提示功能。

数字万用表种类很多，但其基本原理和使用方法差异不大。VC9800 系列仪表是一款在实验室中使用较广泛，且性能稳定，用电池驱动的高可靠性数字万用表。此系列仪表可用来测量直流电压和交流电压、直流电流和交流电流、电阻、电容、电感、二极管、三极管、温度及频率等参数，是实验室、工厂、无线电爱好者及家庭常用的仪表工具。本书主要介绍 VC9802A 型数字万用表。

2.2.2 基本结构与原理

数字万用表主要由直流数字电压表（DVM）和功能转换器构成。直流数字电压表是数字万用表的核心，它由 A/D 转换器及液晶显示器组成。转换器的功能是将被测信号转换成直流电压后再进行测量，功能选择一般通过拨挡开关来实现，有的表可以通过电路自动切换来完成。

数字电压表可分为模拟电路部分和数字电路部分。模拟电路部分主要由滤波器、模拟开关、缓冲器、积分器和比较器构成。数字电路部分主要由振荡器、分频器、逻辑控制器、计数器、锁存器、译码器、相位驱动器和液晶显示器构成。图 2.3 为 VC9802A 型数字万用表结构框图。

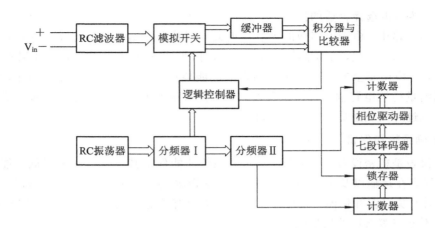

图 2.3　VC9802A 型数字万用表结构框图

2.2.3　技术指标

表 2.1 为 VC9802A 型数字万用表的技术指标。

表 2.1　VC9802A 型数字万用表技术指标

序　号	基本功能	量　　　程	基本精度
1	直流电压	200 mV/2 V/20 V/200 V/1000 V	±(0.5%＋3)
2	交流电压	2 V/20 V/200 V/750 V	±(0.8%＋5)
3	直流电流	20 mA/200 mA/20 A	±(0.8%＋3)
4	交流电流	20 mA/200 mA/20 A	±(1.0%＋5)
5	电阻	200 Ω/2 kΩ/20 kΩ/200 kΩ/2 MΩ/200 MΩ	±(0.8%＋3)
6	电容	20 nF/200 nF/2 μF/200 μF	±(2.5%＋20)

2.2.4　基本功能及使用方法

1．面板说明

VC9802A 型数字万用表面板如图 2.4 所示，具体说明如下。

（1）液晶显示屏。数字万用表是依靠液晶显示屏显示数字来表明被测对象量值大小的。数字万用表的显示位数有 3(1/2)、3(2/3)、4(1/2) 等几种，它表示了数字万用表的最大显示量程和精度。VC9802A 型数字万用表的显示位数有 4 位数字和一个小数点，每切换一个挡位，小数点的位置会改变。

（2）按键。VC9802A 型数字万用表的面板上有两个按键，一个是电源开关键，一个是保持按键。测量时，按下电源开关键，万用表内部电源才能接通。VC9802A 型数字万用表具有自断电功能，即按下电源开关键，如果没有进行测量，持续 3 分钟后，即使没有人为弹起电源开关键，万用表也能够自行断电；再进行测量时，需重新启动电源开关键。当测量数字变化时，按下保持键，显示的数字将保持不变，同时在显示屏的左上角会显示英文大写字符"H"。

（3）功能选择开关。功能选择开关承担了两个任务：一是选择测量对象，二是选择测

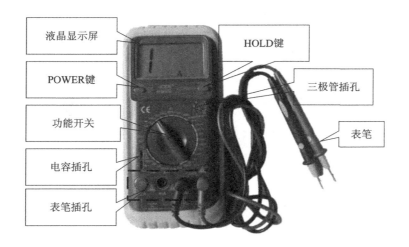

图 2.4　VC9802A 型数字万用表面板图

量量程。

（4）测量插孔。面板上有三种插孔：测试表笔插孔、被测晶体管插孔和被测电容插孔。表笔插孔的用法如图 2.5 所示；被测晶体管插孔的用法如图 2.6 所示；被测电容插孔的用法如图 2.7 所示。

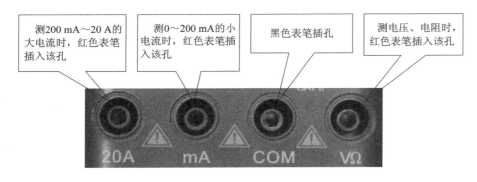

图 2.5　表笔插孔的用法

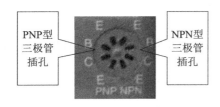

图 2.6　被测晶体管插孔的用法

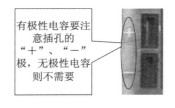

图 2.7　被测电容插孔的用法

（5）测量表笔。测量电阻、电压、电流等参数时用来接触被测物。

2．使用方法

（1）电阻的测量。电阻测量流程如图 2.8 所示。

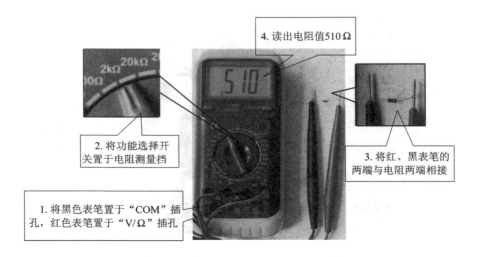

图 2.8 电阻测量流程示意图

第一步：将黑表笔插入"COM"插孔，红表笔插入"V/Ω"插孔。

第二步：将功能选择开关拨至"Ω"挡适当量程处。若不知道电阻器的大小，可将量程选大一些。

第三步：将红、黑表笔线接触被测电阻的两端（不分正负）。

第四步：根据显示的测量数字，调整量程，读取电阻值。若置于 20 MΩ 或 2 MΩ 挡，显示值以 MΩ 为单位；200 挡显示值以 Ω 为单位；其余各挡显示值以 kΩ 为单位。

注意事项：

① 严禁带电测电阻，也不允许直接测量电池内阻。

② 用低量程挡位（如 200 Ω 挡）测电阻时，为减小误差，可先将两表笔短接，测出表笔引线电阻，据此修正测量结果。

③ 用高挡位测电阻时，应手持两表笔绝缘杆，防止人体电阻并入被测电阻引起测量误差。

④ 测量电路中的电阻时，应将被测电阻其中一个引脚从电路中剥离后再进行测量。

⑤ 在测试时，若显示屏显示溢出符号"1"，则表明量程选的不合适，应改换更大的量程进行测量；若显示值为"000"，则表明被测电阻已经短路；若显示值为"1"（量程选择合适的情况下），则表明被测电阻的阻值为∞。

（2）直流电压的测量。如图 2.9 所示，以测量电池电压为例，说明直流电压的测量步骤。

第一步：将黑表笔插入"COM"插孔，红表笔插入"V/Ω"插孔。

第二步：将量程开关置于"DCV"部合适的量程上。若对被测量的大小无法估计，则要将量程至于最大，以防损坏仪表。

第三步：测量时，将红表笔接被测电压的高电位处，黑表笔接被测电压的低电位处。

第四步：根据显示的测量数字，调整量程，读取电压值。

（3）交流电压的测量。以测量市电电压的大小来说明交流电压的测量方法，测量操作流程如图 2.10 所示。

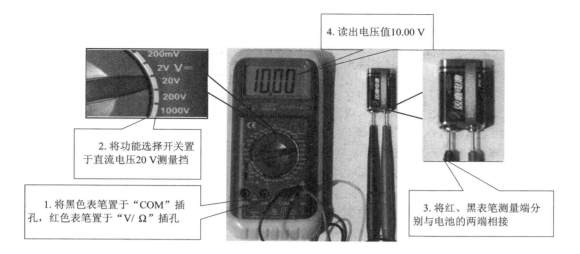

4. 读出电压值10.00 V

2. 将功能选择开关置于直流电压20 V测量挡

1. 将黑色表笔置于"COM"插孔，红色表笔置于"V/Ω"插孔

3. 将红、黑表笔测量端分别与电池的两端相接

图 2.9 电池电压测量步骤流程示意图

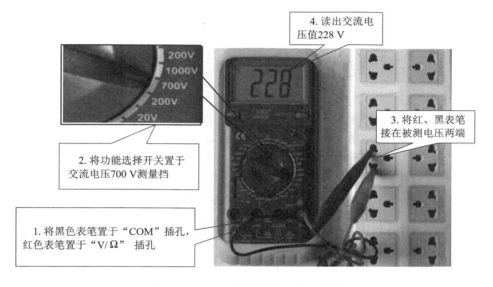

4. 读出交流电压值228 V

2. 将功能选择开关置于交流电压700 V测量挡

1. 将黑色表笔置于"COM"插孔，红色表笔置于"V/Ω"插孔

3. 将红、黑表笔接在被测电压两端

图 2.10 市电电压的测量步骤流程图

第一步：将黑表笔插入"COM"插孔，红表笔插入"V/Ω"插孔。

第二步：将量程开关置于"ACV"部或"V～"部的合适量程挡位。

第三步：将红、黑表笔接在被测电压两端(交流电压无正负之分，故红、黑表笔可随意接被测电压两端)。

第四步：根据显示的测量数字，调整量程，读取电压值。

注意事项：

① 测量电压时，不论是直流还是交流，都要选择合适的量程。当无法估计被测电压的大小时，应先选最高量程进行测试，然后再根据情况选择合适的量程。

② 将万用表与被测电路并联。

③ 万用表具有自动转换并显示极性的功能，因此在测量直流电压时，可不必考虑表笔

接法。

④ 在测量低电平信号(幅度小于0.5 V)时,必须考虑理想的屏蔽和接地,尽量使读数不受各种杂散信号的干扰。

⑤ 在测量1000 V以下电压时,必须有绝缘设施,使用高压接头,并且要遵守单手操作规则。

⑥ 交、直流电压挡不可混用。若误用交流电压挡去测直流电压,或误用直流电压挡去测交流电压,则将显示全零或在低位上出现跳字。

⑦ 测量交流电压时,应用黑表笔接被测电压的低电位端(例如,被测信号源的公共地端,220 V交流电源的零线端等),以消除仪表输入端对地(COM)分布电容的影响,减小测量误差。

(4)直流电流的测量。测量直流电流的操作流程如图2.11所示。

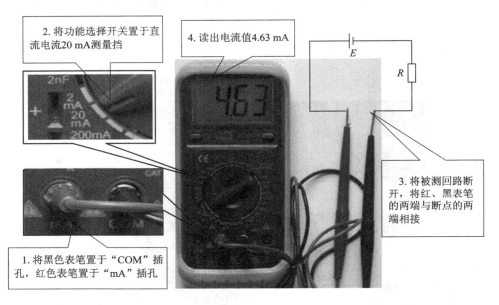

图2.11 测量直流电流的操作流程图

第一步:将量程开关置于"A···"部的合适量程挡位。

第二步:将黑表笔置于"COM"插孔,红表笔置于"mA"插孔。若测量200 mA～20 A的电流,则红表笔置于"20 A"插孔。

第三步:将被测电路断开,再将红表笔置于断开位置的高电位处,黑表笔置于断开位置的低电位处。

第四步:根据显示的测量数字,调整量程,读取直流电流值。

(5)交流电流的测量。图2.12为交流电流的测量流程图。

第一步:将黑表笔置于"COM"插孔,将红表笔置于"mA"插孔。

第二步:将量程开关置于"A～"部合适的量程挡位。

第三步:将数字万用表串入被测电路。

第四步:根据显示的测量数字,调整量程,读取交流电流值。

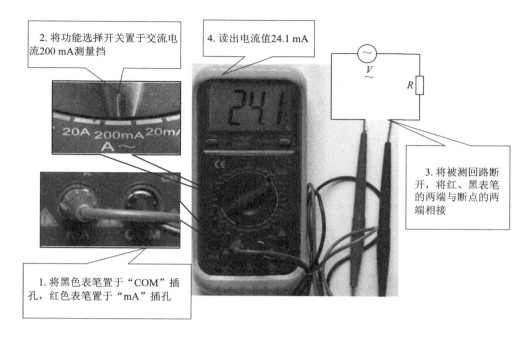

图 2.12 交流电流的测量流程图

注意事项:

① 测量电流时,应把数字万用表串联到被测电路中,可以不考虑表笔的极性,万用表可以显示被测电流的极性。

② 测量电流时,如果显示屏显示溢出符号"1",则表示被测电流已大于所选量程,这时应改换更高的量程。

③ 当被测电流大于 200 mA 时,应将红表笔插入"20 A"插孔,对于大电流挡,有的万用表没有设置保护电路,故测量时间应尽量短些,一般不要超过 15 s 为宜;当被测电流小于 200 mA 时,应选用"200 mA"挡进行检测。

④ 在测量较大电流的过程中,不能拨动量程转换开关,以免造成量程转换开关的损坏(因为量程转换开关在转动过程中要产生电弧)。

⑤ 如果被测电流源的内阻很小,为提高测量准确度,应选用量程较大的挡位。

(6)二极管的测量。图 2.13 为二极管测量操作流程图。

第一步:将黑表笔置于"COM"插孔,将红表笔置于"V/Ω"插孔。

第二步:将功能选择开关置于二极管检测挡,或"通断"测量挡。

第三步:将红、黑表笔的两端与二极管的两端相接触,正反向各测一次,记住两次测量时显示屏上的读数。显示为"1",说明二极管未导通;显示为"150~800",说明二极管导通。显示的值即为二极管的正向导通压降。此时红表笔接的是二极管的正极,黑表笔接的是二极管的负极。

第四步:根据显示的测量数字,读取二极管的正向压降,其单位为 mV。

注意事项:

① 由于电路的结构,测试电流仅为 1 mA,故二极管挡适宜测量小功率二极管,在测量大功率二极管时,其读数明显低于典型工作值。

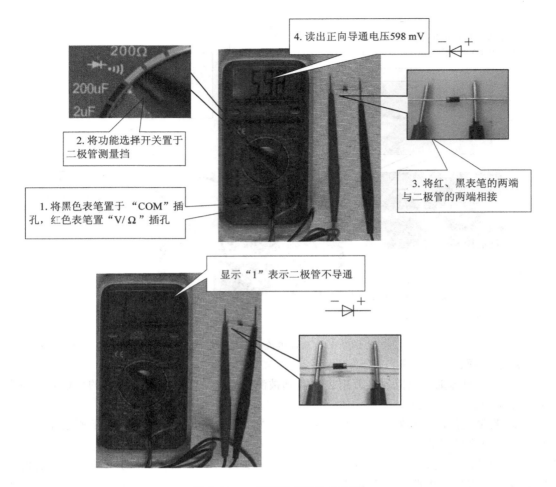

图 2.13　二极管测量操作示意图

② 当红表笔插入"V/Ω"插孔，黑表笔插入"COM"插孔时，红表笔带正电，黑表笔带负电，与指针式万用表正好相反，使用时应特别注意。

③ 在很多实际电路中，可利用二极管挡检查电路的通断。短路则蜂鸣器发声，且屏幕上出现跳字或"0"；断路则显示"1"。

（7）三极管的测量。图 2.14 以测量 NPN 型三极管放大倍数为例，显示三极管插入测试插孔正确与否的两种测量结果。

第一步：将量程开关置于"h_{FE}"挡。

第二步：将被测晶体管按要求插入相应的孔位，在晶体管的插座上对应 NPN（或 PNP）一侧有两个 E 孔，可任选其中一个。

第三步：打开数字万用表的电源，此时显示屏的显示值为 h_{FE}。

注意事项：

① 测量晶体管电流放大系数时，应首先识别晶体管是 NPN 型还是 PNP 型，然后根据插座的标识，将 E、B、C 三个电极插入相应的孔位。如果其中有一项出现差错，则其测量结果是无意义的。

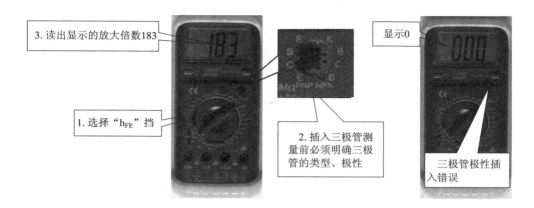

图 2.14　NPN 型三极管放大倍数的测量操作示意图

② 应用晶体管电流放大系数"h_{FE}"挡测试出的晶体管电流放大系数，与实际实用晶体时的电流放大系数值有一定的差异，这是因为该挡位提供的 I_B 值较小。

③ 应用晶体管电流放大系数"h_{FE}"挡测试穿透电流较大的晶体管时，其测量结果要比用晶体管测试仪测出的典型值偏高，差值约在 20%～30% 之间，因而测得的 h_{FE} 值仅供参考。

2.3　交　流　毫　伏　表

2.3.1　概述

交流毫伏表是一种用于测量正弦交流电压有效值的电子仪器。按照电路所用元器件划分，有电子管毫伏表、晶体管毫伏表和集成电路毫伏表三种。

交流毫伏表的主要特点如表 2.2 所示。

表 2.2　交流毫伏表的主要特点

序　号	特　点	说　明
1	灵敏度高	灵敏度反映了毫伏表测量微弱信号的能力。灵敏度越高，测量微弱信号的能力越强，一般毫伏表都能测量低至毫伏级的电压
2	测量频率范围宽	按其适用的频率范围，大致可分为低频毫伏表、高频（超高频）毫伏表（测频范围为几千赫兹至几百兆赫兹）和视频毫伏表（测频范围为几赫兹至几兆赫兹）
3	输入阻抗高	毫伏表是一种交流电压表，测量时与被测电路并联，输入阻抗越高，对被测电路的影响越小，测得结果越接近被测交流电压的实际值。一般毫伏表的输入阻抗可达几百千欧甚至几兆欧

一般交流毫伏表为模拟指针式电子电压表，它通常用磁电系电流表作为指示器。由于磁电系电流表只能测量直流电流，且灵敏度远远不能适应电子技术中对高输入阻抗及微弱电压测量的要求，因此，要利用各种形式的电子变换器，把被测的交流信号变换成直流信号，把输入微弱电压变换成能用磁电系电流表进行测量的低输入阻抗电流。本书主要介绍 TH2172 型交流毫伏表。

2.3.2 基本结构与原理

TH2172型交流毫伏表是高精度单指针电表。该交流毫伏表具有测量电压频率范围宽、测量电压灵敏度高、本机噪声小、测量误差小等特点，主要用于测量频率为 5 Hz～2 MHz、电压为 100 μV～300 V 的正弦波电压有效值和电平为 −60～+50 dB 的电平值。该表采用低噪声、宽频带放大器，具有测量准确度高、频率影响误差小、输入阻抗高的优点，并且具有交流电压输出功能和输入端保护功能，换量程不需调零，仪器使用方便。该表电路系统原理方框图如图 2.15 所示。

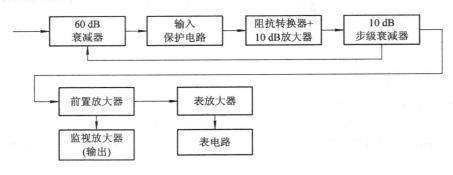

图 2.15　TH2172型交流毫伏表电路系统原理框图

该表由 60 dB 衰减器、输入保护电路、阻抗转换电路＋10 dB 放大器、10 dB 步级衰减器、前置放大器、表放大器、表电路、监视放大器和稳压电源电路组成。其中输入保护电路由两只晶体管组成钳位电路，保证后级电路不受过载电压冲击；阻抗变换和衰减器用来提高仪表的输入阻抗和灵敏度；前置放大器和表放大器及表电路构成深反馈电路，组成低噪声、宽频带、线性化的放大电路，以获得宽限量测量范围，放大后的信号经表电路全波整流后送磁电式电流表指示；监视放大器取出前置放大器一部分信号并加以放大，得到 1 V 的有效值电压在输出端子输出，输出端连接示波器可用来作为被测量信号波形的监视器，也可作为示波器的前置放大器。

2.3.3 技术指标

1. 测量范围

（1）交流电压测量范围为 100 μV～300 V。分 12 挡量程：1 mV、3 mV、10 mV、30 mV、100 mV、300 mV、1 V、3 V、10 V、30 V、100 V、300 V。

（2）电平测量范围为 −60 dB～+50 dB。采用两种 dB 刻度：0 dBm＝1 V，0 dB＝0.775 V。分 12 挡量程：−60 dB、−50 dB、−40 dB、−30 dB、−20 dB、−10 dB、0 dB、+10 dB、+20 dB、+40 dB、+50 dB。

2. 电压固有误差

电压固有误差为满刻度的 ±2%（1 kHz 为基准）。

3. 频率影响误差

5 Hz～2 MHz：±10%；

10 Hz～500 kHz：±5％；

20 Hz～100 kHz：±2％。

4. 输入阻抗

输入电阻：1～300 mV，8 MΩ±10％；1～300 V，10 MΩ±10％。

输入电容：1～100 mV，小于 45 pF；1～300 V，小于 30 pF。

5. 最大输入电压

AC 电压峰值＋DC 电压为 600 V。

6. 噪声

输入短路时小于 2％（满刻度）。

2.3.4　基本功能及使用方法

1. 面板说明

TH2172 型交流毫伏表面板主要由显示表头、电源开关、量程旋钮、输入、输出插座组成，面板实物图片如图 2.16 所示。

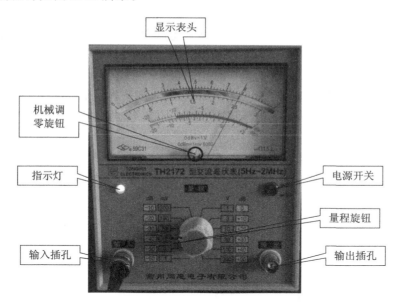

图 2.16　TH2172 型交流毫伏表面板图

（1）显示表头。该表面上分别有四条刻度线：0～1、0～3、－20～0、－20～＋2，使用较多的是 0～1、0～3、－20～0 这三条刻度线。上面两行是直接的电压刻度，分别为 0～1 和 0～3，具体的读数数值应结合相应的电压量程判定；最下面两行是分贝读数，结合相应量程才能得到具体的分贝数值。

（2）机械调零。在断电状态下，指针应指在"0"位，倘若有偏差，可用绝缘起子调整该旋钮使指针指向零点。

（3）指示灯。电源开关打开时，该指示灯亮，表示该表已接通电源。

（4）电源开关。整机电源开关。

（5）量程开关。电压量程 1 mV～300 V，电平量程－60～＋50 dB。

（6）输入端。用来输入被测信号。

（7）输出端。当仪器满刻度指示"1.0"时，无论量程开关在什么位置，本仪器作为一个放大器放大输入信号。在不接负载的情况下，输出端能得到 1 V 的输出电压。

2. 使用方法

（1）使用前准备工作。

第一步：调零。仪器开机前，检查电表指针是否在零刻度上，若不在，用绝缘起子调节机械调零旋钮使指针指示零刻度。

第二步：预置量程。由于毫伏表的灵敏度非常高，在开机的一瞬间，冲击电流较大，因此，应先把量程转换开关置于最大的 300 V 量程上。

第三步：接入测试电缆。将测试电缆端子插入仪表输入端子，向右旋转扣紧。

第四步：短接测试电缆的红、黑夹子，并打开电源开关。

（2）测量步骤。用 TH2172 型交流毫伏表测量电压幅值的具体操作步骤如下：

第一步：设置量程开关。根据被测电压大小来选择量程，测量时看表针指示区域适当调整量程。为提高测量精度，应在指针大于满刻度 1/3 且小于满刻度时读出电压示值。

第二步：测量。用测试电缆将被测信号加到输入端子，测试电缆为开路电缆，其中黑色接线夹为屏蔽层，同时也是毫伏表的接地线，连接测试电缆时，应先将黑色线夹接到电路地端，然后将红色线夹接到测试点。

第三步：读数。电压刻度线有两条：若电压量程旋钮置于"1"字开头的各挡，则在第一条刻度线上读数；若量程开关置于"3"字开头的各挡，则在第二条刻度线上读数，并乘以合适的倍率。所得电压均为有效值。电压读数方法如图 2.17 所示。

图 2.17　电压读数方法图

第四步：拆线。测量完毕，量程置于最大，拆下测试电缆。与接测试电缆过程相反，应先拆下红色线夹，再拆黑色线夹。

注意事项：

① 开机时，指针不规则的摆动是正常现象，不要旋转量程旋钮，不要重复开关电源。

② 在进行测试时，切勿用低量程挡测量高电压，否则将损坏仪器。

③ 注意仪表的测试频率及电压范围。在测量未知较大电压时，先检查量程开关是否置于最大挡，再根据指针偏转情况选择合适的量程。

2.4 函数信号发生器

2.4.1 概述

函数信号发生器是一种多波形信号源，能产生某种特定的周期性时间函数波形，例如，正弦波、方波和三角波，有的还可以产生锯齿波、矩形波（宽度和重复周期可调）、正负脉冲等。信号发生器应用广泛、种类繁多，按用途可分为两大类，如表2.3所示；按性能也可分为两大类，如表2.4所示。

表 2.3 按用途分类

按 用 途		说 明
通用信号发生器	正弦信号发生器	用于产生正弦波信号
	脉冲信号发生器	用于产生数字脉冲波信号
	函数信号发生器	用于产生各种函数信号波形
	噪声信号发生器	用于产生噪声信号
专用信号发生器	电视信号发生器	用于产生电视行场信号
	编码脉冲发生器	用于产生编码脉冲信号
	频谱信号发生器	用于产生频谱信号

表 2.4 按性能分类

按性能	说 明
高频信号发生器	主要给各种电子测量设备或其他电子设备提供高频信号，例如，向电桥、测量线、谐振回路、天线等供给高频信号能量，以便测试其性能。信号发生器一般具有较大的输出功率
标准信号发生器	标准信号发生器通指输出信号的频率、电压和调制系数可在一定范围内调节（有时调制系数可固定）的信号发生器。标准信号发生器的输出电压一般不大，要求能够提供足够小而准确的输出电压，以便测试接收机等高灵敏度的电子设备。因此，标准信号发生器中有精密的衰减器和精细的屏蔽设施，以防止信号的泄漏

现在比较常用的是数字合成信号发生器，它是利用频率合成技术构成的信号发生器。数字合成信号发生器使用频率合成器当作信号发生器中的主振荡器，它既有信号发生器良

好的输出特性和调制特性，又有频率合成器高稳定度、高准确度的优点，同时输出的频率、电平、调制深度等均可控制，是一种先进、高档的信号发生器。合成信号发生器一般都很复杂，但其核心都是频率合成器。

本书主要介绍 F40 系列 DDS 函数信号发生器。

2.4.2 基本结构与原理

F40 系列 DDS 函数信号发生器采用直接数字合成技术(DDS)，具有快速完成测量工作所需的高性能指标和众多的功能特性。它以一个固定的频率为参考频率，能接受外来指令，合成一个其他频率输出，所合成的频率具有与参考频率一样的准确度和稳定度，输出频率范围由毫赫兹到数千兆赫兹。频率合成的方法一般有两种：直接合成法与间接合成法。

1. 直接合成法

近年来，由于大规模集成电路的迅速发展，制造出了成本低廉、容量较大的只读存储器及大型数/模转换器，使得人们能更好地采用数字处理的方式直接合成所设定的频率输出。图 2.18 所示为直接合成法的电路方框图。

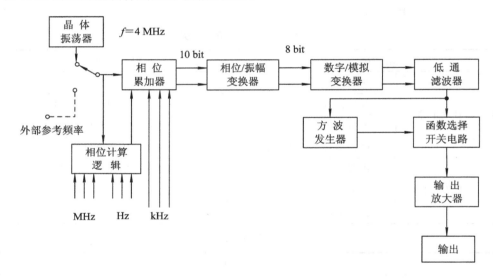

图 2.18 直接频率合成法的方框图

晶体振荡器产生一个参考时基(该时基也可以由外部供给，使其和另一台频率合成器的相位完全锁定)作为本机的取样频率，将取样频率送入相位累加器中，所设定的频率经由相位计算逻辑来控制累加器，从而输出设定频率的相位值，此相位值用 10 bit 的数字信号来代表 0°～360°。相位/振幅变换器为一个只读存储器，函数(正弦波、三角波、锯齿波)的资料已固化在此存储器中，由相位累加器输出的相位值经由变换器找出其对应的振幅值，此值以一个 8 bit 的数字信号来表示。将此数字信号输入数字/模拟变换器变换成模拟信号；该模拟信号经过低通滤波器，将残存的取样噪声等滤掉，得到较为纯净的输出信号；将该信号经由放大器进行放大，最终输出。工作在不同波形时，从存储器中读取不同的数据。方波的产生是由正弦波所形成的。

2. 间接合成法

间接合成法也称为锁相合成法，它通过锁相环来完成频率的合成。锁相环具有滤波作用，其通频带可以做得很窄，且中心频率易调，又能自动跟踪输入频率，因而可以省去直接合成法中所使用的大量滤波器，有简化结构、降低成本、易于集成的优点。锁相的意义是相位同步的自动控制，能够完成两个电信号相位同步的自动控制闭环系统叫做锁相环，简称 PLL。锁相环路是间接合成法的基本电路。锁相环主要由相位比较器（PD）、压控振荡器（VCO）和低通滤波器（LPF）三部分组成，如图 2.19 所示。

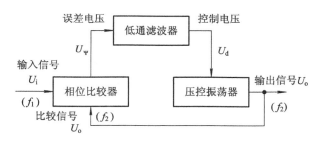

图 2.19　锁相环原理框图

压控振荡器的输出 u_o 接至相位比较器的一个输入端，其输出频率的高低由低通滤波器上建立起来的平均电压 u_d 的大小决定。施加于相位比较器另一个输入端的外部输入信号 u_i 与来自压控振荡器的输出信号 u_o 相比较，比较结果产生的误差输出电压 u_ψ 正比于 u_i 和 u_o 两个信号的相位差，经过低通滤波器滤除高频分量后，得到一个平均值电压 u_d。这个平均值电压 u_d 朝着减小压控振荡器输出频率和输入频率之差的方向变化，直至压控振荡器输出频率和输入信号频率获得一致。这时两个信号的频率相同，相位差保持恒定（即同步），称为相位锁定。

实际中使用的合成信号发生器往往是由多种方案组合而成的，以解决频率覆盖、频率调节、频率跳步、频率转换时间及噪声抑制等问题。

2.4.3　技术指标

函数信号发生器具有以下技术指标。

（1）采用直接数字合成技术（DDS）。

（2）主波形输出频率为 $1\ \mu\text{Hz} \sim 20\ \text{MHz}$。

（3）小信号输出幅度可达 $1\ \text{mV}$。

（4）脉冲波占空比分辨率高达千分之一。

（5）数字调频、调幅分辨率高且准确。

（6）猝发模式具有相位连续调节功能。

（7）频率扫描输出可任意设置起点、终点频率。

（8）相位调节分辨率达 $0.1°$。

（9）调幅调制度 $1\% \sim 100\%$ 可任意设置。

（10）具有频率测量和计数的功能。

（11）具有第二路输出，可控制和第一路信号的相位差。

2.4.4 基本功能及使用方法

1. 面板说明

F40 系列 DDS 函数信号发生器的前、后面板分别如图 2.20 和图 2.21 所示。

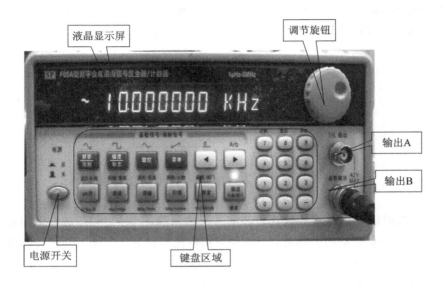

图 2.20　F40 系列 DDS 函数信号发生器的前面板图

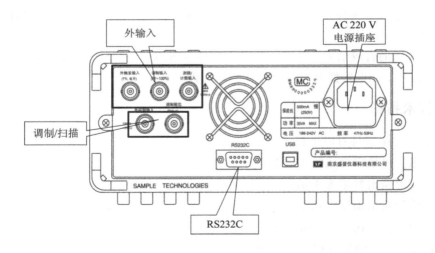

图 2.21　F40 系列 DDS 函数信号发生器的后面板图

2. 显示说明

F40 系列 DDS 函数信号发生器显示面板如图 2.22 所示，各显示符号功能如表 2.5 所示。

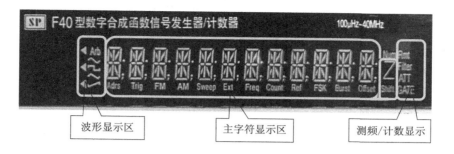

图 2.22 F40 系列 DDS 函数信号发生器显示面板

表 2.5 F40 系列 DDS 函数信号发生器显示面板符号功能

序号	显示符号	显示区域	功能说明
1	$\bigwedge$	波形显示区	主波形/载波为正弦波形
2	$\sqcap\sqcup$		主波形为方波、脉冲波
3	$\diagdown$		点频波形为三角波形
4	$\diagup$		点频波形为升锯齿波形
5	Arb		点频波形为存储波形或 TTL 波形
6	Filter	测频/计数显示区	测频时处于低通状态
7	ATT		测频时处于衰减状态
8	GATE		测频计数时闸门开启
9	Adrs	主字符显示区	不用
10	Trig		等待单次触发或外部触发
11	FM		调频功能模式
12	AM		调幅功能模式
13	Sweep		扫描功能模式
14	Ext		外信号输入状态
15	Freq		(外信号输入状态)测频功能模式
16	Count		(外信号输入状态)计数功能模式
17	Ref		(外信号输入状态)外基准输入状态
18	FSK		频移功能模式
19	Burst		猝发功能模式
20	Offset		输出信号直流偏移不为 0
21	Shift		"shift"键按下实现第二功能
22	Rmt		仪器处于远程状态
23	Z		频率单位 Hz 的组成部分

3. 键盘说明

F40 系列 DDS 函数信号发生器前面板上共有 24 个按键(见前面板图),键体上的字表示该键的基本功能,直接按键可执行基本功能。按键按下后,会用响声"嘀"来提示。键上方的字表示该键的第二功能,首先按"shift"键,屏幕右下方"shift"标志亮,再按某一键可执行该键的第二功能。

F40 系列 DDS 函数信号发生器 24 个按键的功能如表 2.6 所示。

表 2.6　F40 系列 DDS 函数信号发生器按键功能

键名	主功能	第二功能	键名	主功能	第二功能
0	输入数字 0	无	▶	闪烁数字右移	选择 TTL 波
1	输入数字 1	无	频率/周期	频率选择	正弦波选择
2	输入数字 2	无	幅度/脉宽	幅度选择	方波选择
3	输入数字 3	无	键控	键控功能	三角波选择
4	输入数字 4	无	菜单	菜单选择	升锯齿波选择
5	输入数字 5	无	调频	调频功能选择	存储功能选择
6	输入数字 6	无	调幅	调幅功能选择	调用功能选择
7	输入数字 7	进入点频	扫描	扫描功能选择	测频功能选择
8	输入数字 8	退出程控	猝发	猝发功能选择	直流偏移选择
9	输入数字 9	进入系统	输出	信号输出与关闭切换	扫描功能和猝发功能的单次触发
●	输入小数点	无	shift	和其他键一起实现第二功能	单位 s/Vpp
—	输入负号	无			
◀	闪烁数字左移	选择脉冲波			

4. 使用方法

1) 基本操作

如果遇到疑难问题或较复杂的使用,可以仔细阅读使用说明中的相应部分。该信号发生器可以设置的模式主要有点频功能模式、频率扫描功能模式、调频功能模式、调幅功能模式及猝发功能模式。以下着重介绍点频功能模式下的各项设置。点频功能模式可以进行频率、周期、幅度等的设置。

第一步:频率设定。打开电源,在键盘区域按下"频率/周期"按键,使屏幕上显示为频率状态。输入数字及频率单位,例如,依次输入"5"、"·"、"8"及"扫描"(该按键对应的频率单位为 kHz),就设定当前信号频率为 5.8 kHz。详细操作顺序显示如图 2.23 所示。周期的设定方法与频率设定相似,注意其单位即可。

第二步:幅度设定。按下"幅度/脉宽"按键,使屏幕上显示为电压幅度状态。输入数字及电压单位,例如,依次输入"4"、"·"、"6"及"shift"(该按键对应的电压单位为 V_{pp}),就设定当前电压幅度为 $4.6V_{pp}$。详细操作顺序显示如图 2.24 所示。

第三步:输出波形选择。按下"shift"按键,找到所要设置的波形按键并按下,例如,方波为"幅度/脉宽"按键。详细操作如图 2.25 所示。

图 2.23　频率设定操作详图

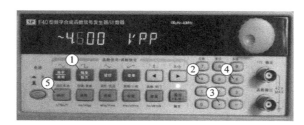

图 2.24　幅度设定操作详图

图 2.25　方波选择操作详图

2）操作通则

（1）数字键输入。

一个项目选中以后，可以用数字键输入该项目的参数值。十个数字键用于输入数据，输入方式为自左至右移位写入。数据中可以带有小数点，如果一次数据输入中有多个小数点，则只有第一个小数点有效。在使用"偏移"功能时，可以输入负号。使用数字键只是把数字写入显示区，数据并没有生效，数据输入完成以后，必须按单位键作为结束，这时输入数据才开始生效。如果数据输入有错，可以有两种方法进行改正：如果输出端允许输出错误的信号，那么就按任意一个单位键作为结束，然后再重新输入数据；如果输出端不允许输出错误的信号，由于错误数据并没有生效，输出端不会有错误的信号产生，那么可以重新选择该项目，然后输入正确的数据，再按单位键结束，数据开始生效。

数据的输入可以使用小数点和单位键任意搭配，仪器都会按照固定的单位格式将数据显示出来。例如，输入 1.5 kHz 或 1500 Hz，数据生效之后都会显示为 1500.00 Hz。

（2）旋钮调节。

实际应用中，有时需要对信号进行连续调节，这时可以使用数字调节旋钮。调节旋钮可以对信号进行连续调节。按位移键【◀】、【▶】使当前闪烁的数字左移或右移，这时顺时针转动旋钮，可使正在闪烁的数字连续加 1，并能向高位进位；逆时针转动旋钮，可使正在闪烁的数字连续减 1，并能向高位借位。使用旋钮输入数据时，数字改变后立即生效，不用再按单位键。闪烁的数字向左移动，可以对数据进行粗调，向右移动则可以进行细调。

当不需要使用旋钮时，可以用位移键【◀】、【▶】使闪烁的数字消失，这时旋钮的转动就不再有效。

（3）输入方式选择。

对于已知的数据，使用数字键输入最为方便，而且不管数据变化多大都能一次到位，中间没有过渡性数据产生。这在一些应用中是非常必要的。对于已经输入的数据进行局部修改，或者需要输入连续变化的数据进行观测时，使用调节旋钮最为方便。操作者可以根据不同的应用要求灵活选择。

注意事项：

① 输出信号时，观察输出指示灯是否点亮。输出键控制信号的输出与关闭。信号输出，键上指示灯常亮；信号关闭，键上指示灯常灭。

② 输出插座分为 TTL 输出和函数输出。一般情况下，函数信号都应从函数输出插座输出，如果从 TTL 输出插座输出，则信号为方波信号。

③ F40 型 DDS 函数信号发生器可输出多种波形，例如，方波、正弦波、三角波、锯齿波等，注意根据需要合理选择。

2.5 数字存储示波器

2.5.1 概述

数字存储示波器将成为现代示波器的主流技术。数字存储示波器的前端电路与模拟示波器基本相同，包括探头、耦合方式、衰减、放大、位置调节等，但后续电路区别极大。其主要特点如下表 2.7 所示。

表 2.7 数字存储示波器的主要特点

特点	说　　明
使用字符显示测量结果	用面板上的调节旋钮控制光标的位置，在屏幕上直接用字符显示光标处的量值，因此可避免人工读数的误差
可以长期存储波形	如果将参考波形存入一个通道，另一通道用来观测检查的信号，即可方便地进行波形比较；对于单次瞬变信号或缓慢变化的信号，只要设置好触发源和取样速度，就能自动捕捉并存入存储器，便于在需要时观测
可以进行预延迟	当采用预延迟时，不仅能观察到触发点以后的波形，也能观察到触发点以前的波形
有多种显示方式	例如，"自动抹迹"方式，每加一次触发脉冲，屏幕上原来的波形就被新波形所更新，如放幻灯一样，又如"卷动"方式，此方法用于观察缓变信号。当被测信号被更换后，屏幕上显示的原波形将从左至右逐点变化为新波形
便于进行数据处理	例如，把数据取对数后再经 D/A 变换送去显示，此时屏幕上显示的是对数坐标上的图形
便于程控	可用多种方式输出。通过适当的接口，可以接受程序控制，又可以与绘图仪、打印机等连接

数字存储示波器采用数字电路，输入信号先经过 A/D 变换器，将模拟波形变换成数字信息，存储于数字存储器中，需要显示时，再从存储器中读出，将数字信息显示在液晶屏上。

2.5.2 基本结构与原理

数字存储示波器由 Y 轴放大器、A/D 转换单元、存储单元、时钟发生器、微处理器、接口逻辑单元、触发放大器、电源等部分组成，如图 2.26 所示。

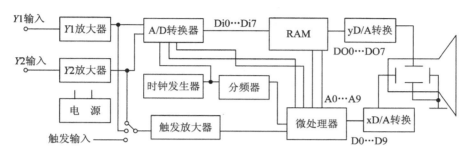

图 2.26 数字存储示波器原理框图

被测信号输入仪器后，首先将放大的模拟信号转换为数字信号。一般说来，波形愈复杂的信号要求的取样速率愈高，对于单次信号要求 $f_0 \geqslant (4 - 10)f_x$。步进系统在触发信号的作用下产生步进脉冲，一方面启动取样门，对被测信号进行取样和 A/D 变换如图 2.27 所示；另一方面启动 CPU，于是 CPU 指定一个寄存器作为地址计数器，在初始化期间存放了首址。CPU 工作后，地址计数器向 RAM 送出地址，将变换后的数字信号存入指定的单元。每写入一个数据，地址计数器加 1，并将地址数送至 X 轴的 I/O，经 D/A 变换后产

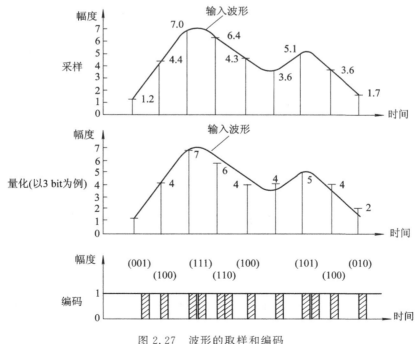

图 2.27 波形的取样和编码

生阶梯波信号。当需要即时显示时，该信号能作为 X 扫描用的阶梯信号，送至 X 偏转系统以作扫描之用。同时该信号还送至步进系统，使其产生新的步进脉冲，作为一次新产生的数据写入循环，用在取样、存储过程中，地址计数器将写地址顺序递增，并一一送往RAM，以确保每组数据写入相应的存储单元中去，直至写完一个页面为止，如图 2.28 所示，这就是 RAM 的写过程。地址计数器用于循环计数，它的最大计数值恰好等于 RAM 的一个页面的存储容量，相当于 X 轴扫描一行所需的数据。以上所述过程为顺序取样方式。

图 2.28　RAM 写入过程

2.5.3　技术指标

数字存储示波器与波形显示部分有关的技术指标与模拟示波器相似，与波形存储有关的主要技术指标如表 2.8 所示。

表 2.8　与波形存储有关的主要技术指标

指　标	指　标　说　明
最高取样速率	指单位时间内取样的次数，用每秒钟完成的 A/D 转换的最高次数来衡量，常以频率 f_s 来表示。实时取样速率 $f = \dfrac{N}{t/DIV}$（N 为每格的取样数，t/DIV 为扫描一格所用的时间，即扫描时间因数）
存储带宽（B）	与取样速率 f_s 密切相关。根据取样定理，如果取样速率大于或等于信号频率的 2 倍，则可重现原信号。实际上，为保证显示波形的分辨率，往往要求增加更多的取样点，一般取 $N = 4 \sim 10$ 倍或更多，即存储带宽 $B = f_s/N$
分辨率	示波器能分辨的最小电压增量，即量化的最小单元，包括垂直分辨率（电压分辨率）和水平分辨率（时间分辨率）。垂直分辨率与 A/D 转换器的分辨率相对应，常以屏幕每格的分级数（级/DIV）或百分数来表示；水平分辨率由存储器的容量决定，常以屏幕每格含多少个取样点或用百分数来表示。
存储容量	由采集存储器（主存储器）的最大存储容量来表示，常以字节为单位。
读出速度	指将数据从存储器中读出的速度，常用时间/DIV 来表示。

2.5.4　基本功能及使用方法

本书主要介绍 RIGOL DS1062C 型数字存储示波器。DS1062C 型数字存储示波器是小型、轻便式的两通道台式仪器，可以用地电位作为参考进行测量，主要用来观察电路能否正常工作，测量波形的有效值、平均值、峰峰值、上升时间、下降时间、频率、周期、正频宽、负频宽等，在生产、实验和科研工作中，有着广泛的使用。

1. 面板说明

RIGOL DS1062C 型数字存储示波器面板如图 2.29 所示，液晶显示屏显示界面如图2.30 所示。

前面板结构按功能可分为显示区、垂直控制区、水平控制区、触发区、功能区、运行控

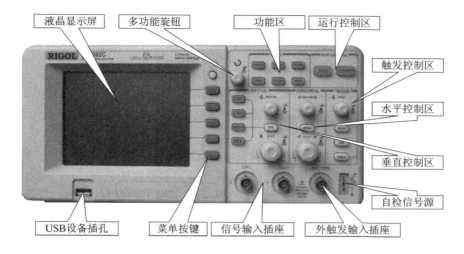

图 2.29　RIGOL DS1062C 型数字存储示波器的面板

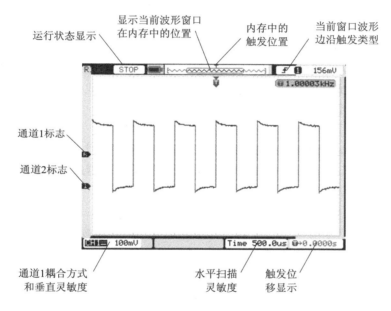

图 2.30　显示界面

制区六个部分。另有 5 个菜单按钮、3 个输入连接端口。下面将分别说明示波器面板上各部分常用主要控制按钮(或按键)的作用、功能及屏幕上显示的信息。

1) 垂直控制区

(1) 使用垂直旋钮"Position"调整信号在波形窗口中的位置。

(2) 转动垂直旋钮"Scale"改变"Volt/div(伏/格)"垂直挡位,可以发现状态栏对应通道的挡位显示发生了相应的变化。

(3) 按"CH1"、"CH2"、"MATH"、"REF",屏幕显示对应通道的操作菜单、标志、波形和挡位状态信息;按"OFF"按键关闭当前选择的通道。

(4) 通道耦合方式"DC"用来测量信号的直流分量。

(5) 通道耦合方式"AC"用来滤除信号里面的直流分量。

2）水平控制区

（1）转动水平旋钮"Scale"改变"s/div（秒/格）"水平挡位，可以发现状态栏对应通道的挡位显示发生了相应的变化。

（2）使用"Position"按键调整信号在波形窗口的水平位置。

（3）按"Menu"按钮，显示 TIME 菜单。在此菜单下，可以开启/关闭延迟扫描或切换Y－T、X－Y 和 ROLL 模式，还可以设置水平触发位移复位。

3）触发控制区

（1）使用"Level"旋钮改变触发电平设置，使波形稳定。

（2）按"50％"按钮，设定触发电平在触发信号幅值的垂直中点。

（3）按"Force"按钮，强制产生一触发信号，主要应用于触发方式中的"普通"和"单次"模式。

4）功能区

（1）"Acquire"为采样功能键，通过菜单控制按钮调整采样方式。

（2）"Display"为显示系统的功能按键，通过菜单控制按钮调整显示方式。

（3）"Storage"为存储系统的功能按键。

（4）"Utility"为辅助系统功能按键。

（5）"Measure"为自动测量功能键，按"Measure"键，系统显示自动测量操作菜单。

（6）"Cursor"为光标测量功能按键，光标测量分为 3 种模式：手动方式，追踪方式，自动测量方式（此种方式在未选择任何自动测量参数时无效）。

5）执行控制区

（1）"AUTO"自动设置按键，按"AUTO"键，示波器自动设置参数和测量信号。

（2）"Run/Stop"运行/停止按键，按"Run/Stop"键，示波器运行或停止波形采样。

6）其他按键

（1）⟲多功能旋钮，用于参数设置的确定。

（2）菜单按键"1"、"2"、"3"、"4"、"5"。功能区不同功能按键对应的 5 个菜单按键的功能不同。例如，在 Measure 功能时分别对应"信源选择"、"电压测量选择"、"时间测量选择"、"测量显示选择"、"全部测量开关"等功能。

2．使用方法

利用数字存储示波器可以进行多种测量。这里只给出实验时常用的几个典型的有关电压、时间等测量的实例，仅供同学们参考。

1）测量电压峰峰值（电压有效值测量步骤与此相似）

第一步：显示测试信号。将通道 CH1 的探头和接地线连接到电路被测点，按下"AUTO"（自动设置）按键，示波器将自动设置使波形显示达到最佳状态。

第二步：信源选择。按下"Measure"按键以显示自动测量菜单，系统默认信源选择为CH1，按下"1"号菜单操作键，信源在 CH1 和 CH2 之间切换。

第三步：按下"2"号菜单键将测量类型选择为"电压测量"。

第四步：在电压测量弹出菜单中选择测量参数为"峰峰值"，此时在示波器屏幕下方显示被测电压峰峰值。最终测量菜单、数据及波形的屏幕显示界面如图 2.31 所示。

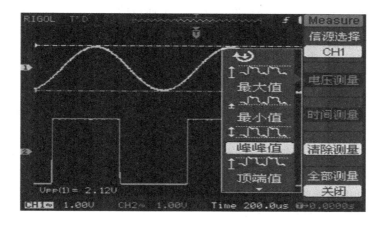

图 2.31 被测电压峰峰值测量

2）测量信号周期（信号频率测量步骤与此相似）

第一步：显示测试信号。将通道 CH2 的探头和接地线连接到电路被测点，按下"AUTO"（自动设置）按键，示波器将自动设置使波形显示达到最佳状态。

第二步：信源选择。按下"Measure"按键以显示自动测量菜单，系统默认信源选择为CH1，按下"1"号菜单操作键，和信源在 CH1 和 CH2 之间切换。

第三步：按下"3"号菜单键将测量类型选择为"时间测量"。

第四步：在时间测量弹出菜单中选择测量参数为"周期"，此时在示波器屏幕下方显示被测信号周期值。最终测量菜单、数据及波形的屏幕显示界面如图 2.32 所示。

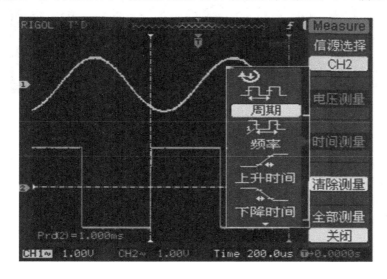

图 2.32 被测信号周期测量

3）应用光标测量

该示波器可以自动测量 20 种波形参数，这些参数可以通过光标法进行测量。下面以测试 CH1、CH2 两个通道正弦波的相位差为例，说明如何使用光标法对波形进行测量。

第一步：显示测试信号。将通道 CH1、CH2 的探头和接地线连接到电路被测点，按下

"AUTO"（自动设置）按键，示波器将同时显示两个通道的波形。

第二步：按下"Cursor"按键以显示光标测量菜单。

第三步：按下"1"号菜单键将光标模式设置为"追踪"。

第四步：按下"2"号菜单键将光标 A 设置为"CH1"，此时"CurA"（光标 A）处于选中状态且在示波器屏幕上出现白色光标迹线。

第五步：旋动多功能旋钮"🔄"将光标 A 置于 CH1 波形的第一个波峰处，然后按下多功能旋钮以固定光标 A。

第六步：按下"3"号菜单键将光标 B 设置为"CH2"，此时"CurB"（光标 B）处于选中状态且在示波器屏幕上出现黄色光标迹线。

第七步：旋动多功能旋钮"🔄"将光标 B 置于 CH2 波形的第一个波峰处，然后按下多功能旋钮以固定光标 B。此时在示波器屏幕右上角出现各种测试数据，可以根据 $|\Delta X| = 18.40\ \mu s$ 得到两波形的相位差。最终测量菜单、数据及波形的屏幕显示界面如图 2.33 所示。

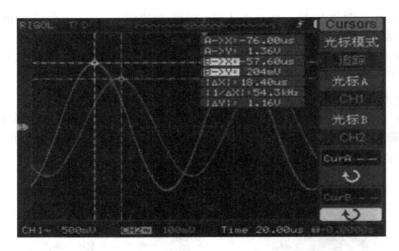

图 2.33　光标测量图

注意事项：

① 为提高波形稳定性及减少毛刺，应注意测试电缆地线与被测电路接地端可靠连接。

② 在进行测试时，若所测数据为实际电压的 10 倍或 1/10，则应检查示波器通道衰减系数及探头线上开关设定。

③ 测试时应根据实际测试信号的类型合理选择耦合方式。

第3章 电路基础实验

3.1 线性电路特性研究

一、实验目的

（1）熟练掌握三用表的使用。

（2）验证线性电路中的叠加原理、戴维南定理，加深对其理解。

（3）学习线性含源二端网络等效参数的测量方法。

二、预习要求

（1）预习叠加原理、戴维南定理的内容。

（2）了解实验箱中叠加原理和戴维南定理实验电路图以及电路图中各开关旋钮的作用。

（3）掌握三用表的操作及用三用表测量电压、电流以及电阻的方法。

三、实验原理

1. 叠加原理

在任何线性电路中，当有多个独立源作用时，每个元件上的电流或电压等于各独立源单独作用时在该元件上产生的电流或电压的代数和。

2. 戴维南定理

任何一个线性含源二端网络，就其外部特性来看，都可以用一个电压源与一个电阻串联的支路来代替，如图 3.1 所示。

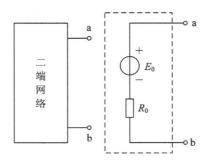

图 3.1 戴维南定理

3. 线性含源二端网络等效参数的测量方法

1）开路电压 U_{oc} 的测量方法

如图 3.2 所示，直接测量网络 a、b 端的开路电压，即为 $U_{oc}(E_0)$。

2）短路电流 I_{sc} 的测量方法

如图 3.2 所示，电流表直接串接在 a、b 间，所测得的电流即为 I_{sc}。

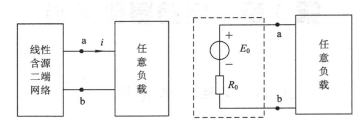

图 3.2　开路电压及短路电流的测量

3）等效参数 R_0 的测量方法

（1）直接测量法。若已知网络结构，则可将线性含源二端网络中的所有独立源置零（电压源短路、电流源开路），然后测其端口的等效电阻，即为 R_0。

（2）开路短路法。如图 3.2 所示，测出 a、b 端口的开路电压 U_{oc} 和短路电流 I_{sc}，则 $R_0 = U_{oc}/I_{sc}$。此方法有局限性，对不允许将外部电路直接短路或开路的网络，不能使用此方法。

（3）组合测量法。如图 3.3 所示，测出 U_{oc} 后，在 a、b 端口接一已知负载 R_L，测出 R_L 两端电压 U_{R_L}，因为

$$U_{R_L} = \left(\frac{U_{oc}}{R_0 + R_L} \right) \times R_L$$

所以

$$R_0 = \left(\frac{U_{oc}}{U_{R_L}} - 1 \right) \times R_L$$

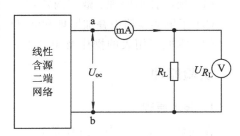

图 3.3　组合测量法测量 R_0

四、实验设备

本次实验所需实验设备如表 3.1 所示。

表 3.1　实 验 设 备

序号	名　　称	型号与规格	数　量	备　注
1	直流稳压电源	+6 V、12 V 切换	1	—
2	可调直流稳压电源	0~30 V	1	—
3	直流数字电压表	—	1	—
4	直流数字毫安表	—	1	—
5	可调直流恒流源	0~200 mA	1	—
6	电位器	1 kΩ/1 W	1	DGJ-05
7	叠加原理实验模块	—	1	DGJ-03
8	戴维南定理实验模块	—	1	DGJ-05
9	万用表	—	1	—

五、实验内容

（1）验证叠加原理。

（2）测量线性含源二端网络的等效参数 E_0（即开路电压 U_{oc}）。

（3）测量线性含源二端网络的等效参数 R_0（分别用直接法、开路短路法、组合法三种方法测量）。

（4）验证戴维南定理。

六、实验步骤

1. 叠加原理

按图 3.4 连好电路，验证叠加原理。

（1）取 $U_1 = +12\ V$，U_2 为可调直流稳压电源，调至 $+6\ V$（将开关 S_3 投向 R_5 侧）。

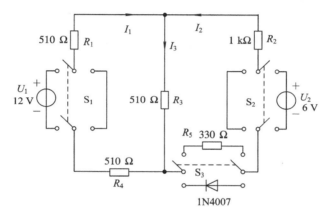

图 3.4　叠加原理实验电路

（2）U_1 电源单独作用时（将开关 S_1、S_2 均投向左侧），用直流数字电压表和毫安表（接电流插头）测量各支路电流及各电阻元件两端电压，数据记入表 3.2。

（3）U_2 电源单独作用时（将开关 S_1、S_2 均投向右侧），重复上述步骤（2）的测量并记录。

（4）U_1 和 U_2 共同作用时（开关 S_1 和 S_2 分别投向 U_1 和 U_2 侧），重复上述的测量并记录。

表 3.2　叠加原理数据表格

测量项目 实验内容	I_1/mA	I_2/mA	I_3/mA	U_{R_2}/V
U_1 单独作用				
U_2 单独作用				
U_1、U_2 共同作用				

（5）验证叠加原理。

2. 戴维南定理

1）测量等效参数 E_0

实验电路如图 3.5 所示，断开 a、b 两点，测量 a、b 两点开路电压 U_{oc}，则 $E_0 = U_{oc}$。

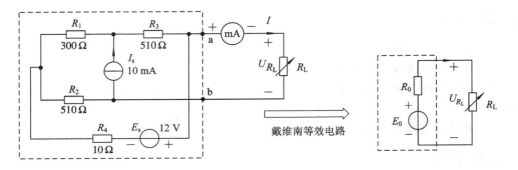

图 3.5　验证戴维南定理

2）测量等效参数 R_0

（1）直接测量法。断开 a、b 两点，独立源置零（电路内部电压源、电流源先去掉，再将电路中电压源短路），用三用表测量 $R_0 = R_{ab}$。

（2）组合测量法。测量负载电阻 R_L 两端电压 U_{R_L}。断开 R_L 支路，测量开路电压 U_{oc} 有

$$R_0 = \left(\frac{U_{oc}}{U_{R_L}} - 1\right) \times R_L$$

（3）开路短路法。测出 a、b 端口的开路电压 U_{oc} 和短路电流 I_{sc}，则 $R_0 = \dfrac{U_{oc}}{I_{sc}}$。

3）验证戴维南定理

用一只 1 kΩ 的电位器，将其阻值调整到 R_0，直流稳压电源输出调到 E_0，将 R_0、E_0、R_L 串联，分别在两个电路中测量 $R_L = 1$ kΩ、2 kΩ、3 kΩ 时其两端的电压 U_{R_L}。看 R_L 两端电压 U_{R_L} 是否相等，进而对戴维南定理进行验证。

注意：改接电路时要关闭电源，切莫带电操作。

七、知识拓展

1. 最大功率传输定理

一个线性含源二端网络，当所接负载等于其等效内阻时，负载获得最大功率，条件是含源二端网络必须是固定的。当负载获得最大功率时，电路效率通常并不高，一般等于 50%。如图 3.6 所示电路，$U = 6$ V，$R_0 = 1$ kΩ，自行设计实验步骤，测出 R_L 等于多少时可获得最大功率？电路效率为多少？

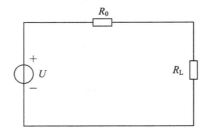

图 3.6　最大功率传输定理图

2. 简单故障的排除

一般常见故障有：导线开路、元器件短路或开路及接触不良等。排除故障的方法很多，本实验只需用三用表的欧姆挡和电压挡来检测。欧姆挡可以检测单个元件和连接导线的完好，电压挡可以检测电路中电位的变化情况。用图 3.7 练习故障的排除。

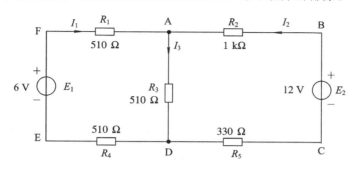

图 3.7　简单故障的排除

八、思考题

（1）戴维南定理验证实验中，R_0 的测试方法有哪些？当线性网络中电压源内阻较大时，能否用第一种方法求等效内阻 R_0？

（2）戴维南定理验证实验中，实验箱 0～12 V 电压源已用导线连接至实验电路中 12 V 独立源插孔，如果现在要用直接测量法测定 R_0，那么实验电路中 12 V 独立源如何处理才正确？

（3）叠加原理、戴维南定理在什么条件下应用？

九、实验报告

（1）测量数据与计算数据列表；分析实验结果，得出结论。

（2）说明戴维南定理的验证方法和过程。

3.2　受控源特性研究

一、实验目的

（1）测绘 CCVS、VCCS 两种受控源的受控特性，并确定相应的控制系数。

（2）测绘受控源的负载特性，加深对受控源的认识。

二、预习要求

（1）预习受控源的内容。

（2）了解电工实验台受控源实验电路图以及电路图中各开关的作用。

（3）熟悉三用表的操作使用。

三、实验原理

受控源是用来表示在电子器件(如晶体管、集成电路等)中发生的物理现象的一种模型,它反映了电路中某处的电压或电流能够控制另一处的电压或电流的关系,其电路符号用菱形表示。

受控源具有电源特性,它同独立源一样对外能提供电压和电流,所以它是有源器件;但受控源对外提供的能量,并非取自控制量,也非受控源内部产生的,而是取自外加电源,因此受控源实际是一种能量转换装置,它能将直流电能转换成按控制量变化的输出量。因为它有输入和输出之分,因而又称为双口元件。输入量为控制量,输出量为受控量,当控制量与受控量之间比例系数 μ、r、g、α 为常数时,受控源为线性器件。

根据控制量和受控量的不同,可以有四种不同的受控源,四种理想受控源电路模型如图 3.8 所示。

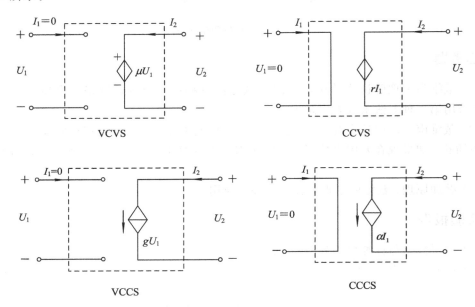

图 3.8　理想受控源电路模型

1. 电压控制电压源(VCVS)

受控特性：$I_1 = 0$,$U_2 = \mu U_1$。μ 无量纲,称为转移电压比(或电压增益)。

2. 电流控制电压源(CCVS)

受控特性：$U_1 = 0$,$U_2 = rI_1$。r 具有电阻的量纲,称为转移电阻。

3. 电压控制电流源(VCCS)

受控特性：$I_1 = 0$,$I_2 = gU_1$。g 具有电导的量纲,称为转移电导。

4. 电流控制电流源(CCCS)

受控特性：$U_1 = 0$,$I_2 = \alpha I_1$。α 无量纲,称为转移电流比(或电流增益)。

实验中各种受控源电路是由运算放大器和若干电阻组成的,实际受控源只能接近理想情况，因为 α、r、g、μ 并非常数。受控量和控制量之间的关系曲线只在一定范围内比较接近直线，称为线性区。

四、实验设备

本次实验所需实验设备如表3.3所示。

表 3.3 实 验 设 备

序号	名　称	型号与规格	数量	备注
1	可调直流稳压电源	0～30 V	1	—
2	可调直流恒流源	0～200 mA	1	—
3	直流数字电压表	—	1	—
4	直流数字毫安表	—	1	—
5	受控源实验模块	—	1	—

五、实验内容

（1）测绘受控源 CCVS 的受控曲线及负载特性曲线。
（2）测绘受控源 VCCS 的受控曲线及负载特性曲线。

六、实验步骤

本次实验中受控源全部采用直流电源激励，对于交流电源或其他电源激励，实验结果是一样的。

1. 测量受控源 CCVS 的受控曲线 $U_2 = f(I_1)$ 及负载特性曲线 $U_2 = f(R_L)$

实验电路如图3.9所示，电路供电电源为 ± 12 V，I_1 为控制量，由可调直流恒流源提供，U_2 为受控量，R_L 为可变电阻器。实验时接入电压表、电流表，测量 I_L 和 U_2。

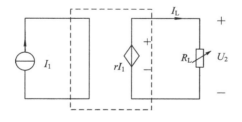

图 3.9　CCVS

注意：受控电压源不能短路，电路中供电电压不要过高，极性不能接反。

（1）固定 $R_L = 2$ kΩ，调节恒流源输出 I_1，使其在 $0.1 \sim 0.8$ mA 范围内取值，测量 U_2，自行设计表格填入实验数据，绘制受控曲线，并根据其线性部分，求出转移电阻 r。

（2）保持 $I_1 = 0.3$ mA 不变，R_L 从 1 kΩ 增至 9 kΩ，测量 U_2，计算 I_L 值，自行设计表格填入实验数据，绘制负载特性曲线。

2. 测绘受控源 VCCS 的受控曲线 $I_L = f(U_1)$ 及负载特性曲线 $I_L = f(R_L)$

实验电路如图3.10所示，R_L 为可变电阻器，电路供电电源为 ± 12 V，U_1 为控制量，由可调直流电压源提供，I_L 为受控量。实验时接入电压表、电流表，测量 U_1 和 I_L。

（1）固定 $R_L = 2\ \mathrm{k\Omega}$，调节电压源输出 U_1，使其在 $1 \sim 10\ \mathrm{V}$ 范围内取值，测量 U_2，计算 I_L，自行设计表格填入实验数据，绘制受控曲线，并根据其线性部分，求出转移电导 g。

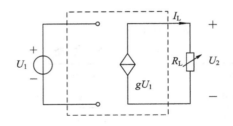

图 3.10 VCCS

（2）保持 $U_1 = 2\ \mathrm{V}$，R_L 从 0 增至 $5\ \mathrm{k\Omega}$，测量 U_2，计算 I_L 值。自行设计表格填入实验数据，绘制负载特性曲线。

七、知识拓展

（1）运算放大器（简称运放）的电路符号及其等效电路如图 3.11 所示。

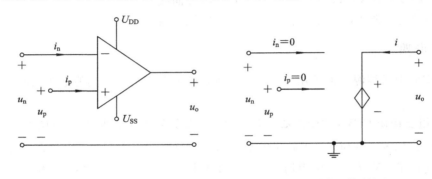

(a) 运算放大器电路符号   (b) 运算放大器等效符号

图 3.11 运算放大器

运算放大器是一个有源三端器件，它有两个输入端和一个输出端，若信号从"＋"端输入，则输出信号与输入信号相位相同，故称为同相输入端；若信号从"－"端输入，则输出信号与输入信号相位相反，故称为反相输入端。运算放大器的输出电压为 $u_o = A_o(u_p - u_n)$，其中 A_o 是运放的开环电压放大倍数，在理想情况下，A_o 与运放的输入电阻 R_i 均为无穷大，因此有

$$u_p = u_n$$

$$i_p = \frac{u_p}{R_{ip}} = 0$$

$$i_n = \frac{u_n}{R_{in}} = 0$$

这说明理想运放具有下列三大特征：

① 运放的"＋"端与"－"端电位相等，通常称为"虚短"。

② 运放输入端电流为零，即其输入电阻为无穷大，通常称为"虚断"。

③ 运放的输出电阻为零。

以上三个重要的性质是分析所有具有运放电路的重要依据。要使运放工作，还须接有正、负直流工作电源(称双电源)，有的运放可用单电源工作。

(2) 理想运放的电路模型是一个电压控制电压源(即 VCVS)，如图 3.11 (b)所示。在它的外部接入不同的电路元件，可构成四种基本受控源电路，以实现对输入信号的各种模拟运算或模拟变换。

(3) 自行设计电路和实验步骤，测绘 VCVS 和 CCCS 的受控曲线和负载特性曲线。

(4) 在图 3.10 中，若输入信号为 $u_i = 2$ V，$f = 100$ Hz 的正弦信号，那么输出是什么波形? 根据测量结果，分析受控源的控制特性是否适合于交流信号。

八、思考题

(1) 对于不同的万用表，若电压量程相同，则万用表的内阻和其灵敏度的关系如何?

(2) 电路中受控电压源能否短接?

(3) 受控源的控制特性是否适合交流信号?

(4) 受控量和控制量之间的关系曲线如何? 是否一直都呈线性?

(5) 受控源与独立源有何区别?

九、实验报告

(1) 画出实验电路；测量数据列表；根据实验数据，绘制受控曲线，分析实验结果。

(2) 实验心得。

3.3　一阶电路响应

一、实验目的

(1) 掌握电容器充电与放电过程中电流与电压的变化规律。

(2) 了解电路参数对充、放电过程的影响。

(3) 了解微分电路与积分电路的功能及电路时间常数的选择方法。

(4) 掌握示波器与信号发生器的使用，学习 RC 电路时间常数的测定方法。

(5) 用 Multisim 10 仿真软件对 RC 电路进行仿真。

二、预习要求

(1) 了解 RC 电路的零输入响应、零状态响应。

(2) 了解微分电路与积分电路的工作原理。

(3) 学习信号源、示波器的使用。

(4) 熟悉 Multisim10 仿真软件。

三、实验原理

1. 电容器的充电、放电

电容器是一种储能元件，在带有电容器的电路中发生通、断换接时，由于电容器储能状态不能突变，所以在电路中就产生了过渡过程。在如图 3.12 所示的直流电路中，电容器接通电源，在极板上积累电荷的过程称为充电；已充电的电容器通过电阻构成闭合回路使电荷中和消失的过程称为放电。根据电路理论，在单一储能元件组成的一阶电路中，过渡过程中的暂态电流与电压是按指数规律变化的。

$$u_c(t) = U(1 - e^{-\frac{t}{\tau}}) + u_c(0_-)e^{-\frac{t}{\tau}} \quad t \geqslant 0$$

$$i_c(t) = \frac{U}{R}e^{-\frac{t}{\tau}} - \frac{u_c(0_-)}{R}e^{-\frac{t}{\tau}} \quad t \geqslant 0$$

式中，$\tau = RC$ 为该电路的时间常数。

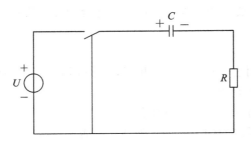

图 3.12　RC 充、放电电路

2. RC 电路的响应

在一阶 RC 动态电路中，如果储能元件的初始状态为零，则仅由输入引起的响应，称为零状态响应；如果电路的输入为零，则仅由电路储能元件的初始能量引起的响应，称为零输入响应；全响应则为输入和电路储能元件的初始能量共同作用引起的响应。

如图 3.12 所示，若电容 C 初始状态为零，经 R 与电压为 U 的直流电源在 $t = 0$ 时接通，电容器的端电压 u_c 和电流 i_c 可表示为

$$u_c(t) = U(1 - e^{-\frac{t}{\tau}}) \quad t \geqslant 0$$

$$i_c(t) = C\frac{du_c}{dt} = \frac{U}{R}e^{-\frac{t}{\tau}} \quad t \geqslant 0$$

如果电容器已充电到直流电压 U，在 $t \geqslant 0$ 时，经过 R 放电，则放电时电容器电压 u_c 和电流 i_c 可表示为

$$u_c(t) = Ue^{-\frac{t}{\tau}} \quad t \geqslant 0$$

$$i_c(t) = -\frac{U}{R}e^{-\frac{t}{\tau}} \quad t \geqslant 0$$

充、放电过程中，电压、电流变化曲线如图 3.13 所示，其中，(a)图为充电时电压、电流变化曲线，(b)图为放电时电压、电流变化曲线。

3. 时间常数及其测定方法

电路的时间常数 τ 用来表征过渡过程的长短，可以根据公式 $\tau = RC$ 计算。τ 越大，过渡时间越长；反之越短。若 R 的单位为 Ω，C 的单位为 F，则 τ 的单位为 s，一般认为经过 $3\tau \sim 5\tau$ 的时间，过渡过程趋于结束。τ 可以从电容充、放电电压或电流的变化曲线上求得。以图 3.13(a)充电曲线为例，在 $t \geqslant 0$ 时，电源电压 U 经过 R 给电容 C 充电，电容器电压 u_c 表示为

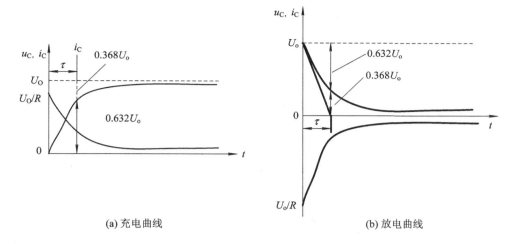

(a) 充电曲线　　　　　　　　　　　(b) 放电曲线

图 3.13　电容器充、放电电流、电压变化曲线

$$u_c(t) = U(1 - e^{-\frac{t}{\tau}})\quad t \geqslant 0$$

经过时间 τ 后，$u_c(\tau) = 0.632U$，即电容两端电压上升到电源电压 U 的 63.2% 所对应的时间为一个 τ。

4. 微分电路和积分电路

微分电路和积分电路是电容器充、放电现象的一种应用，其电路图如图 3.14 所示。

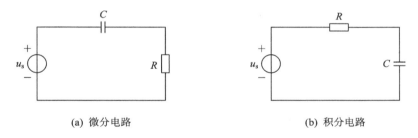

(a) 微分电路　　　　　　　　　　　(b) 积分电路

图 3.14　微分电路和积分电路

微分电路中时间常数很小（$\tau \ll T$（输入方波信号的周期）），输出电压 u_R 正比于输入电压 u_s 的微分，即

$$u_R = i_R R \approx R \cdot C \frac{\mathrm{d}u_s}{\mathrm{d}t}$$

积分电路中时间常数很大（$\tau \gg T$），输出电压 u_C 正比于输入电压 u_s 的积分，即

$$u_C = \frac{1}{C}\int i_C\,\mathrm{d}t \approx \frac{1}{RC}\int u_s\,\mathrm{d}t$$

当输入电压 u_s 的波形为矩形波时，微、积分电路输出电压波形如图 3.15 所示。

四、实验设备

本次实验需要的实验设备如表 3.4 所示。

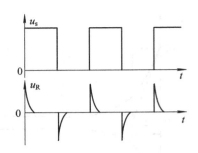
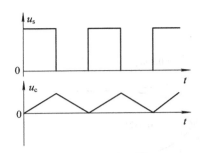

(a) 微分电路输入、输出波形　　　　　　**(b) 积分电路输入、输出波形**

图 3.15　微分、积分电路输入、输出电压波形图

表 3.4　实　验　设　备

序号	设 备 名 称	功 能 作 用	数量
1	双踪示波器	观测输入、输出波形	1
2	信号发生器	提供激励信号	1
3	RC 电路实验模块	提供实验电路及元器件	1

五、实验内容

（1）观察电容器充、放电过程中电容器两端的电压波形。

（2）用示波器测量 RC 电路的时间常数 τ。

（3）微分电路。

（4）积分电路。

六、实验步骤

1. 观察电容器两端的电压波形，测量时间常数 τ

选择 $R=10\ \text{k}\Omega$，$C=3300\ \text{pF}$，连成图 3.16 所示的电路，输入方波信号 u_s，取 $U_{P-P}=3\ \text{V}$，$f=1\ \text{kHz}$。将激励 u_s 和响应信号 $u_C(t)$ 分别接到示波器的 CH1、CH2，观察并记录激励和响应波形，并用示波器测量时间常数 τ。

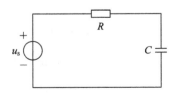

图 3.16　实验电路

2. 微分电路

输入信号不变，选择 $R=100\ \Omega$，$C=0.1\ \mu\text{F}$，连成图 3.14(a)所示电路，观察并描绘激励和响应波形，标注响应波形峰峰值。

3. 积分电路

输入信号不变，选择 $R=10\ \text{k}\Omega$，$C=0.33\ \mu\text{F}$，连成图 3.14(b)所示电路，观察并描绘激励和响应波形，标注响应波形峰峰值。

七、知识拓展

1. 微分电路、积分电路的实现条件

设矩形波周期为 T，脉冲宽度为 t_p，改变 τ 和 t_p 的比值，电容充、放电的快慢就不同，输出电压 u_R 的波形也就不同。当 $\tau \geq t_p$ 时，电容器充电很慢，输出电压 u_R 和输入电压 u_s 的波形很相近；随着 τ 和 t_p 比值的减小，在电阻两端将逐步形成正负尖脉冲输出，如图 3.15(a)所示。因此，微分电路必须满足两个条件：一是 $\tau \ll t_p$（一般 $\tau < 0.2t_p$），二是从电阻两端输出。

如果条件变为 $\tau \gg t_p$，并从电容两端输出，这样电路就转化为积分电路了。图 3.15(b)是积分电路的输出电压 u_C 波形，由于 $\tau \gg t_p$，电容器缓慢充电，以后又经电阻缓慢放电，形成图示的锯齿波。时间常数 τ 越大，充、放电越缓慢，所得锯齿波电压的线性就越好，锯齿波幅度越小。

2. 积分运算

反相积分运算电路如图 3.17 所示。在理想化条件下，输出电压 u_o 等于

$$u_o(t) = -\frac{1}{R_1 C}\int_0^t u_i\,\mathrm{d}t + u_C(0)$$

式中，$u_C(0)$ 是 $t=0$ 时刻电容 C 两端的电压值，即初始值。

如果 $u_i(t)$ 是幅值为 E 的阶跃电压，并设 $u_C(0)=0$，则

$$u_o(t) = -\frac{1}{R_1 C}\int_0^t E\,\mathrm{d}t = -\frac{E}{R_1 C}t$$

即输出电压 $u_o(t)$ 随时间增长而线性下降。显然 $R_1 C$ 的数值越大，达到给定的 u_o 值所需的时间就越长。积分输出电压所能达到的最大值受集成运放最大输出范围的限值。

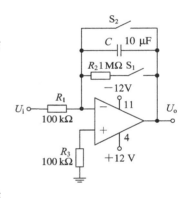

图 3.17　反相积分运算电路

在进行积分运算之前，首先应对运放调零。为了便于调节，将图 3.17 中 S_1 闭合，即通过电阻 R_2 的负反馈作用帮助实现调零。但在完成调零后，应将 S_1 打开，以免因 R_2 的接入造成积分误差。S_2 的设置一方面为积分电容放电提供通路，实现积分电容初始电压 $u_C(0)=0$；另一方面，可控制积分起始点，即在加入信号 u_i 后，只要 S_2 一打开，电容就将被恒流充电，电路也就开始进行积分运算。

1）实验步骤

（1）打开 S_2，闭合 S_1，测试运放输出是否为零。

（2）再打开 S_1，闭合 S_2，使 $u_C(0)=0$。

（3）预先调节好直流输入电压 $U_i=0.5\ \text{V}$，接入实验电路，再打开 S_2，然后用直流电压表测量输出电压 U_o，每隔 5 s 读一次 U_o，记入表 3.5，直到 U_o 不继续明显增大为止。

表 3.5 反相积分运算电路数据表格

t/s	0	5	10	15	20	25	30	...
U_o/V								

2）方法提示

提示 1：集成运算放大电路需要直流电源供电，本实验中电路供电电源为 ±12 V，由实验箱直流电源部分提供。

提示 2：实验中所有仪器仪表和电路都要和电源地连接在一起，即共地。

3. 实验仿真

用 Multisim 10 仿真软件对微分、积分电路进行仿真。

八、思考题

（1）时间常数 τ 的物理意义是什么？

（2）用示波器测量时间常数 τ 的方法有哪些？

（3）在什么条件下，一阶 RC 电路称为微分电路或积分电路？

九、实验报告

（1）定性地画出一阶电路零输入响应、零状态响应及全响应的波形。

（2）分别画出积分电路、微分电路的响应波形，并标注波形峰值。

（3）分析实验结果，说明一阶微分、积分电路的实现条件。

（4）写出心得体会。

3.4 二阶电路响应

一、实验目的

（1）观察二阶电路在过阻尼、临界阻尼和欠阻尼三种情况下的响应波形。

（2）掌握欠阻尼状态下衰减系数和振荡角频率的测量方法。

（3）进一步掌握信号源、示波器的使用。

（4）熟悉 Multisim 10 仿真软件，并用其对二阶电路进行仿真。

二、预习要求

（1）预习二阶电路响应的类型：过阻尼、临界阻尼和欠阻尼。

（2）二阶电路参数与三种响应的关系。

三、实验原理

1. 二阶电路

凡是可用二阶微分方程描述的电路都称为二阶电路。图 3.18 所示为 RLC 串联电路，它可用下述二阶微分方程描述：

$$LC \frac{\mathrm{d}^2 u_\mathrm{C}}{\mathrm{d}t^2} + RC \frac{\mathrm{d}u_\mathrm{C}}{\mathrm{d}t} + u_\mathrm{C} = u_\mathrm{s}$$

$$\frac{\mathrm{d}^2 u_\mathrm{C}}{\mathrm{d}t} + \frac{R}{L} \frac{\mathrm{d}u_\mathrm{C}}{\mathrm{d}t} + \frac{1}{LC} u_\mathrm{C} = \frac{1}{LC} u_\mathrm{s}$$

初始值为

$$u(0_-) = U_0$$

$$\frac{\mathrm{d}u_\mathrm{C}(t)}{\mathrm{d}t} \bigg|_{t=0_-} = \frac{i_\mathrm{L}(0_-)}{C} = \frac{I_0}{C}$$

求解微分方程，得到 $u_\mathrm{C}(t)$。

再依据

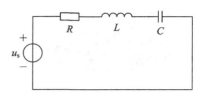

图 3.18　RLC 串联电路

$$i_\mathrm{C}(t) = C \frac{\mathrm{d}u_\mathrm{C}(t)}{\mathrm{d}t}$$

求得 $i_\mathrm{C}(t)$。

2. 二阶电路响应波形

二阶电路在方波信号激励下，可获得零输入响应和零状态响应，其响应的变化轨迹取决于电路中 R、L、C 元件参数值。在实验中改变 R、L、C 参数，使电路的二阶微分方程特征根分别为不相等的负实数、相等负实数、一对负实部的共轭复数及一对虚数时，电路可获得过阻尼、临界阻尼、欠阻尼和等幅振荡四种响应，对应于响应波形为单调衰减、临界衰减、衰减振荡和等幅振荡等几种曲线。在无源网络中，由于有导线、电感器的直流电阻、电容器的介质损耗存在，R 不可能为 0，故不可能出现等幅振荡。

3. 电路元件参数与暂态过程及响应曲线的关系

RLC 串联电路的零输入响应和零状态响应都与微分方程的系数有关，即与元件参数有关。

定义电路响应衰减系数（阻尼系数）为

$$\alpha = \frac{R}{2L}$$

电路谐振角频率为

$$\omega_0 = \frac{1}{\sqrt{LC}}$$

电路方程写为

$$\frac{\mathrm{d}^2 u_\mathrm{C}}{\mathrm{d}t^2} + 2\alpha \frac{\mathrm{d}u_\mathrm{C}}{\mathrm{d}t} + \omega_0^2 u_\mathrm{C} = \omega_0^2 u_\mathrm{s}$$

其特征方程为

$$S^2 + 2\alpha S + \omega_0^2 = 0$$

特征根为

$$S_1 = -\alpha + \sqrt{\alpha^2 - \omega_0^2}, S_2 = -\alpha - \sqrt{\alpha^2 - \omega_0^2}$$

定义电路衰减振荡角频率 $\omega_\mathrm{d} = \sqrt{\omega_0^2 - \alpha^2}$，则特征根与电路振荡角频率 ω_d 相关联。

根据特征根形式的不同，响应分为过阻尼、临界阻尼、欠阻尼三种情况。在电路处于零状态，即 $u_C(0) = U_0$，$i_L(0) = 0$ 时：

（1）当 $\alpha > \omega_0$（$R > 2\sqrt{L/C}$）时，S_1、S_2 均为不同的实根。由于电路中能量损耗大，电路过渡过程具有非周期特点，称为过阻尼，输出响应波形如图 3.19 所示。

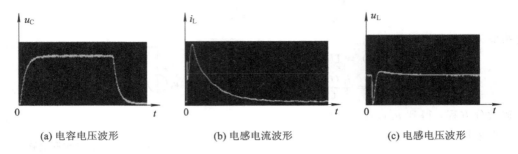

| (a) 电容电压波形 | (b) 电感电流波形 | (c) 电感电压波形 |

图 3.19 过阻尼时零状态响应波形

（2）当 $\alpha = \omega_0$（$R = 2\sqrt{L/C}$）时，S_1、S_2 为两个相等的负实根，$S_1 = S_2 = \omega_0$，电路处于临界阻尼状态，输出响应波形如图 3.20 所示。

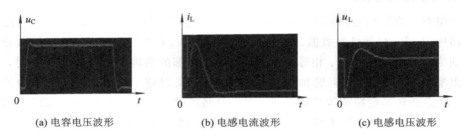

| (a) 电容电压波形 | (b) 电感电流波形 | (c) 电感电压波形 |

图 3.20 临界阻尼时零状态响应波形

（3）当 $\alpha < \omega_0$（$R < 2\sqrt{L/C}$）时，S_1、S_2 为一对共轭复数根，输出响应波形是振幅指数衰减的振荡，称为欠阻尼振荡。

$$\omega_d = \sqrt{\omega_0^2 - \alpha^2}$$
$$S_1 = -\alpha + j\omega_d, \quad S_2 = -\alpha - j\omega_d$$

特征根的实部决定衰减的快慢，虚部决定振荡的快慢，输出响应波形如图 3.21 所示。

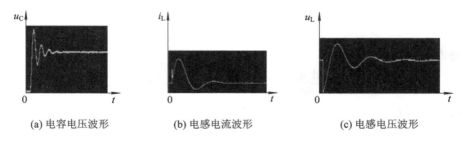

| (a) 电容电压波形 | (b) 电感电流波形 | (c) 电感电压波形 |

图 3.21 欠界阻尼时零状态响应波形

欠阻尼时二阶电路全响应波形如图 3.22 所示，从欠阻尼振荡的波形可以测出衰减振荡周期 T_d 和两个波峰 U_{1m}、U_{2m}，从而计算 α、ω_d。

$$\omega_{\mathrm{d}} = \frac{2\pi}{T_{\mathrm{d}}}$$

$$\alpha = \frac{1}{T_{\mathrm{d}}}\ln\frac{U_{1\mathrm{m}}}{U_{2\mathrm{m}}}$$

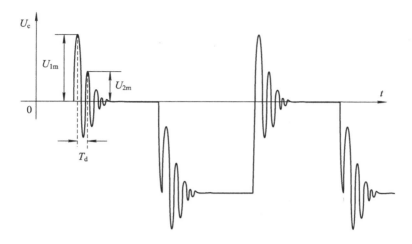

图 3.22　欠阻尼响应波形 α、ω_{d} 测定方法

四、实验设备

本次实验需要的实验设备如表 3.6 所示。

表 3.6　实 验 设 备

序号	设备名称	功能作用	数量
1	双踪示波器	观测输入、输出波形	1
2	函数信号发生器	提供输入信号	1
3	二阶电路实验模块	提供实验电路及元器件	1

五、实验内容

（1）观察记录 RLC 串联二阶电路三种不同阻尼状态下的响应波形。

（2）测量欠阻尼状态下电路的 α、ω_{d} 数值。

六、实验步骤

用动态实验部分的元件与开关配合使用，组成如图 3.23 所示的 RLC 串联电路。电路中 R 为可调电位器，$L = 10\ \mathrm{mH}$，$C = 5600\ \mathrm{pF}$，信号发生器输出方波 $U_{\mathrm{P-P}} = 5\ \mathrm{V}$，$f = 1\ \mathrm{kHz}$，接到图 3.23 的输入端，用示波器 CH1、CH2 通道同时观察激励和响应信号。

1. 观察三种状态的响应波形

调节 R 值，观察二阶电路响应由过阻尼到临界阻尼，最后过渡到欠阻尼的变化过程，并分别定性描绘三种状态的响应波形，记录临界点的电阻值。

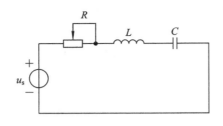

图 3.23　实验电路

2. 测量 α、ω_d

调节 $R=1$ kΩ，显示稳定的欠阻尼响应波形，测量此时电路衰减常数 α 和振荡频率 ω_d。

七、知识拓展

在后续课程的学习和军事工程应用中，二阶电路经常被作为二阶系统的基本模型对实际问题进行分析。例如，在雷达随动系统中，既要求雷达天线的转动不能太慢（即不能处于过阻尼状态），又不能使雷达天线的抖动太大（即不能处于欠阻尼状态），因此，要适当调节二阶系统的参数，使天线跟踪目标既要快，又要比较平稳。

二阶 RLC 电路不仅有串联形式，实际工程中经常也采用并联形式。这里我们对 GCL 并联二阶电路进行实验。

1. GCL 并联二阶电路

图 3.32 所示为 GCL 并联二阶电路（G 的位置在实际电路中是电阻 R_2）。GCL 并联电路和 RLC 串联电路存在着对偶关系，相应变量作代换后可得并联电路的方程。

当 $G>2\sqrt{C/L}$ 时，电路过渡过程具有非周期特点，称为过阻尼。

当 $G=2\sqrt{C/L}$ 时，电路处于临界阻尼状态。

当 $G<2\sqrt{C/L}$ 时，电路过渡过程具有衰减振荡的特点，即欠阻尼。

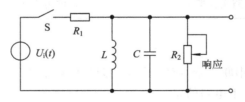

图 3.24　GCL 并联二阶实验电路

2. GCL 并联二阶电路响应观测

（1）按图 3.24 所示连接电路。设定信号发生器输出方波 $U_{\text{P-P}}=3$ V，$f=1$ kHz，连接到电路输入端，同时观察电路方波激励信号和响应波形。

（2）设定电阻 $R_1=10$ kΩ，$L=4.7$ mH，$C=0.1$ μF。调节可变电阻 R_2，观察二阶电路响应由过阻尼状态到临界阻尼状态，最后过渡到欠阻尼状态的变化过程，并分别定性描绘三种状态下的响应波形。

（3）调节 R_2 显示稳定的欠阻尼响应波形，测量电路衰减常数 α 和振荡频率 ω_d。

实验方法及注意事项参考必做实验相应部分，不再赘述。

3. 实验仿真

用 Multisim 10 仿真软件对二阶电路进行仿真。

八、思考题

（1）二阶电路的固有频率与电路中哪些参数有关？

（2）在设计一个有二阶电路的控制系统时，为了达到稳、准、快的设计要求，需要二阶系统工作在什么状态？

（3）在欠阻尼情况下，欲测量衰减振荡角频率 ω_d，应使用示波器测量输出响应波形的哪些参数？

九、实验报告

（1）画出二阶 RLC 串联电路。

（2）绘制二阶 RLC 串联电路零输入响应、零状态响应分别在三种阻尼状态下的响应波形。

（3）分析实验结果，说明元件数值改变时对二阶电路响应的影响。

3.5　RLC 串联谐振电路测试

一、实验目的

（1）学习测量 RLC 串联谐振电路幅频特性曲线的方法。

（2）掌握 RLC 串联谐振电路通频带和品质因数的测量方法。

（3）熟练掌握信号源和交流毫伏表的操作使用方法。

二、预习要求

（1）学习 RLC 串联谐振电路的相关内容。

（2）了解实验装置中 RLC 串联谐振电路及电路图中各开关旋钮的作用。

（3）了解合成函数信号发生器和交流毫伏表的使用以及交流电压的测量。

（4）掌握用示波器显示波形、测量电压及时间的方法。

三、实验原理

在 RLC 串联谐振电路中，由于 R 的存在，在每次振荡过程中，都会在 R 上消耗掉一部分能量，使振荡产生衰减。当谐振电路加入激励时，由于激励源能给谐振电路不断补充能量，因此振荡保持等幅。

1. 串联谐振电路

图 3.25 为 RLC 串联谐振电路。设电路输入端的正弦激励电压信号角频率为 ω，其电压相量为 $\dot{U}_i$，R 两端的电压 $\dot{U}_o$ 作为输出电压，则此电路的转移函数为

$$\frac{\dot{U}_o}{\dot{U}_i} = \frac{R}{R + j\omega L - \dfrac{1}{j\omega C}} = \frac{R}{\sqrt{R^2 + \left(\omega L - \dfrac{1}{\omega C}\right)^2}} \angle -\arctan \frac{\omega L - \dfrac{1}{\omega C}}{R}$$

其幅度比为

$$\frac{U_o}{U_i} = \frac{R}{\sqrt{R^2 + \left(\omega L - \dfrac{1}{\omega C}\right)^2}}$$

当正弦激励信号的频率 f 改变时，电路中容抗和感抗随之而变，电路中电流也随之而变，当上式中

$$\omega L - \frac{1}{\omega C} = 0$$

时，电压 u_o 达到最大值 u_{omax}，此时电路处于谐振状态，谐振曲线如图 3.26 所示，谐振频率为

$$f_0 = \frac{1}{2\pi \sqrt{LC}}$$

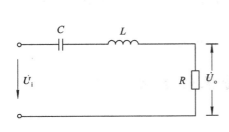

图 3.25　RLC 串联谐振电路

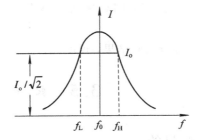

图 3.26　谐振曲线

2. 谐振电路的特性参数

串联谐振电路的特性参数常用谐振频率 f_0、通频带 BW、品质因素 Q 和特性阻抗 ρ 来表示。各参数的表示式为

$$f_0 = \frac{1}{2\pi \sqrt{LC}}$$

$$Q = \frac{\sqrt{\dfrac{L}{C}}}{R}$$

$$\rho = \sqrt{\frac{L}{C}}$$

$$BW = \frac{R}{L}$$

由上述公式可见，这些特性参数都是由电路元件参数决定的。

3. 谐振电路的测量

1）谐振频率 f_0 的测量

使电路达到谐振，即可测出谐振点频率。电路调谐的方法有两种：

（1）在电路形式和元件参数确定的情况下，改变外加信号源的频率，使电路达到谐振，

信号源的频率即为电路的谐振频率。

（2）当电路工作频率确定时，要使电路谐振在此频率上，可改变电路元件参数 L、C，调整电路固有频率 f_0，使电路达到谐振。

2）谐振曲线的测量

当串联电路谐振时，I_o 最大，电阻两端电压 u_o 最大为 u_{omax}；当信号源频率偏离 f_0 时，电路处于失谐状态，u_o 小于 u_{omax}。确定 f_0 后，逐一改变输入信号频率 f，测量 R 两端的电压，即可绘出谐振曲线。

3）通频带 BW 的测量

若令 f/f_0 为横坐标，u_o/u_{omax} 为纵坐标，则其表达式可写为

$$\frac{u_o}{u_{omax}} = \frac{1}{\sqrt{1 + Q^2 \left(\frac{f}{f_0} - \frac{f_0}{f} \right)^2}} = \frac{1}{\sqrt{1 + Q^2 \varepsilon^2}}$$

式中，$\varepsilon = f/f_0 - f_0/f$ 称为相对失谐，改变信号源频率即可得到串联谐振电路的归一化谐振曲线。改变电路的品质因数 Q，又可得到一组以 Q 值为参变量的谐振曲线。

当 u_o/u_{omax} 由 1 下降到 0.707 时的两个频率为 f_L、f_H，其差值定为串联谐振电路的通频带，即 $BW = f_H - f_L$。

4．电路品质因数 Q 值的测量

由图 3.26 可见，Q 值越高，谐振曲线越尖锐，通频带越窄。Q 值可由通频带与谐振频率求出，即 $Q = f_0/BW$；或者测电容两端的谐振电压 u_{Co}（或 u_{Lo}）与串联电路输入端的激励电压 u_i，由公式 $Q = u_{Co}/u_i = u_{Lo}/u_i$ 求出 Q。

四、实验设备

本次实验所需实验设备如表 3.7 所示。

表 3.7 实 验 设 备

序　号	名　　称	型号与规格	数量	备注
1	函数信号发生器	—	1	—
2	交流毫伏表	—	1	—
3	示波器	—	1	—
4	频率计	—	1	—
5	谐振电路实验模块	$R = 330\ \Omega$，$1\ k\Omega$，$C = 2400\ pF$，$L = $ 约 30 mH	DGJ - 03	

五、实验内容

（1）RLC 串联电路的调谐。

（2）RLC 串联谐振电路谐振特性曲线的测绘。

（3）串联谐振电路通频带的测量。

六、实验步骤

按图 3.27 所示连好电路，分别取 $R = 330\ \Omega$、$1\ k\Omega$，调节信号源输出电压为 1 V（有效

值)正弦信号,并在整个实验过程中保持不变。

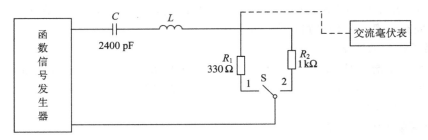

图 3.27　RLC 串联电路图

1. RLC 串联电路的调谐

找出电路的谐振频率 f_0,其方法是:将交流毫伏表跨接在电阻 R 两端,信号源的频率由小逐渐变大(注意要维持信号源的输出幅度不变),当 u_0 的读数为最大时,读得信号源输出信号的频率值,即为电路的谐振频率 f_0,测出谐振时电容和电感两端电压 u_{Co}、u_{Lo} 及 u_o 之值(注意及时更换毫伏表的量程),填入表 3.8,并求出串联谐振电路的 Q 值。

表 3.8　RLC 串联电路的调谐

$R/\text{k}\Omega$	f_0/kHz	u_o/V	u_{Lo}/V	u_{Co}/V	Q
0.33					
1					

提示:测量 u_{Co}、u_{Lo} 时,毫伏表的连接电缆线"+"端(即红鳄鱼夹)接 C 与 L 的公共点,其接地端(即黑鳄鱼夹)分别接 L 和 C 的近地端。

2. RLC 串联谐振电路谐振特性曲线的测绘

输入信号为 1 V 有效值不变,按表 3.9 中所给频率 f,测量 $R=330\ \Omega$、1 kΩ 时的 u_o,绘出 U—f 曲线。

表 3.9　谐振特性曲线的测绘

f/kHz		f_L		f_0		f_H
$u_o(R=330\ \Omega)/\text{V}$						
$u_o(R=1\ \text{k}\Omega)/\text{V}$						

提示:改变信号源频率测量谐振曲线的过程中,要注意信号源输出电压不能变,且要合理选择测量点的频率。在曲线变化大的部分,即谐振点附近测量点应取密些;而远离谐振频率的点,测量点可取稀些。

3. 串联谐振电路通频带的测量

依据表 3.9 中数据,绘制谐振特性曲线,并从中测出两种情况下的下限频率 f_L 和上限频率 f_H,求出通频带 BW。

七、知识拓展

（1）设计一个并联谐振电路，并对电路进行调谐，测量谐振曲线。从实验结果归纳出并联电路谐振时的特点。

（2）在实验步骤 2 中，改变 RLC 电路中电阻 R 的值（如取 $R=510\ \Omega$、$1.5\ k\Omega$）并测量。测试数据填入表 3.10 中，看所测绘的曲线会发生什么变化，用实验结果进行说明。

表 3.10 谐振特性曲线的测绘

f/kHz		f_L		f_0		f_H	
$u_o(R=510\ \Omega)/V$							
$u_o(R=1.5\ k\Omega)/V$							

八、思考题

（1）当 RLC 串联电路谐振时，输入电压 u_i 与输出电压 u_R 的关系如何？

（2）当 RLC 串联谐振时，电压 u_C 与电压 u_L 的关系如何？

（3）当 RLC 串联谐振时，BW 值和 Q 值关系如何？

（4）当 RLC 串联谐振时，测量 u_R、u_C、u_L 可使用什么仪器？

（5）加大串联电路中电阻 R，对串联电路的品质因素 Q、通频带 BW 和电路的选择性有何影响？

九、实验报告

（1）叙述 RLC 串联电路的调谐方法。

（2）测绘 RLC 串联谐振电路的幅频特性曲线，并计算出 Q 值和 BW 值。

（3）归纳总结 RLC 串联谐振电路的特性。

（4）回答思考题。

3.6 RC 选频网络特性测试

一、实验目的

（1）熟悉文氏电桥电路的结构特点及其应用。

（2）学会用逐点法测绘 RC 电路的幅频特性和相频特性。

二、预习要求

（1）学习 RC 选频网络特性的相关内容。

（2）了解实验装置中 RC 选频网络特性测试实验电路图以及电路图中各开关旋钮的作用。

（3）学习合成函数信号发生器和交流毫伏表的操作使用。

（4）掌握用示波器测量两波形相位差的方法。

三、实验原理

1. 文氏电桥电路

文氏电桥电路是一个 RC 串、并联电路，如图 3.28 所示，该电路结构简单，作为选频环节广泛应用于低频振荡电路中，可获得很高纯度的正弦波电压。

该电路的传递函数为

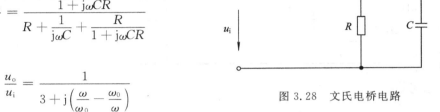

$$\frac{\dot{u}_o}{u_i} = \frac{\dfrac{R}{1+j\omega CR}}{R + \dfrac{1}{j\omega C} + \dfrac{R}{1+j\omega CR}}$$

其中

$$\frac{u_o}{u_i} = \frac{1}{3 + j\left(\dfrac{\omega}{\omega_0} - \dfrac{\omega_0}{\omega}\right)}$$

图 3.28　文氏电桥电路

$$\varphi = -\arctan \frac{\left(\dfrac{\omega}{\omega_0} - \dfrac{\omega_0}{\omega}\right)}{3}$$

当输入信号角频率 $\omega = \omega_0 = \dfrac{1}{RC}$，即 $f = f_0 = \dfrac{1}{2\pi RC}$ 时，有

$$\frac{U_o}{U_i} = \frac{1}{3 + j\left(\dfrac{\omega}{\omega_0} - \dfrac{\omega_0}{\omega}\right)} = \frac{1}{3}$$

$$\varphi = -\arctan \frac{\left(\dfrac{\omega}{\omega_0} - \dfrac{\omega_0}{\omega}\right)}{3} = 0$$

此时 u_o 与 u_i 同相位，输出信号幅度最大为输入信号幅度的 1/3，电路达到谐振。谐振频率为

$$f_0 = \frac{1}{2\pi RC}$$

2. 幅频特性的测绘

用函数信号发生器输出正弦信号作为图 3.28 的激励 u_i，保持输入信号幅值不变，改变输入信号频率 f，用交流毫伏表或示波器测出输出电压 u_o。将这些数据以 f 为横轴，u_o 为纵轴，描出一条光滑曲线，即为 RC 电路的幅频特性曲线，如图 3.29 所示。

3. 相频特性的测绘

将图 3.28 电路的输入和输出分别接到示波器的 CH1、CH2 两个输入端，改变输入正弦信号的频率，观测相应的输入和输出波形间的时延 τ 及信号的周期 T，则两波形间的相位差为

$$\vartheta = \frac{\tau}{T} \times 360° = \vartheta_o - \vartheta_i$$

将各个不同频率下的相位差测出，即可描绘出 RC 电路相频特性曲线，如图 3.30 所示。

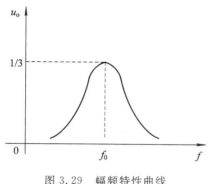

图 3.29 幅频特性曲线

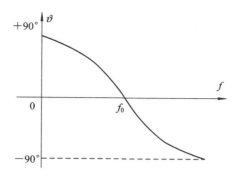

图 3.30 相频特性曲线

四、实验设备

本次实验所需实验设备如表 3.11 所示。

表 3.11 实验设备

序号	名　称	型号与规格	数量	备注
1	函数信号发生器	—	1	—
2	示波器	—	1	—
3	交流毫伏表	—	1	—
4	RC 选频网络实验模块	—	1	DGJ－03

五、实验内容

（1）测量 RC 串、并联电路的幅频特性。

（2）测量 RC 串、并联电路的相频特性。

六、实验步骤

1. 测量 RC 串、并联电路的幅频特性

（1）在实验台上按图 3.28 连好电路，并选取一组参数（如 $R=1\text{ k}\Omega$，$C=0.1\text{ }\mu\text{F}$）。

（2）设定正弦信号输出幅度为 3 V（有效值），接入图 3.28 的输入端。

（3）改变输入信号频率 f，保持 $u_\text{i}=3$ V 不变，测量输出电压 u_o。（可先找出谐振点的频率 f_0，然后再在 f_0 左右设置其他频率点测量 u_o），数据填入表 3.12 中，描绘电路的幅频特性曲线。

表 3.12 幅频特性曲线测试数据

f/kHz		f_L			f_0			f_H	
u_o/V									

2. 测量 RC 串、并联电路的相频特性

选定参数，按实验原理 3 的内容、方法步骤进行。测量数据填入下表 3.13，计算相差，描绘电路的相频特性曲线。

表 3.13 相频特性曲线测试数据

	f/kHz		f_L		f_0			f_H	
$R=1\ \text{k}\Omega,$	T/ms								
$C=0.1\ \mu\text{F}$	τ/ms								
	ϑ								

提示：图 3.31 为相移测量示意图。图中所示波形就是示波器双通道显示模式下两个通道(CH1 和 CH2)波形同时显示的波形图。调节两通道垂直衰减因子为同一个数值，这时只要测出图中两波形与波形正中间水平直线交点间的时间间隔 τ，再测量出信号周期 T 的数值，将 τ 和信号周期 T 代入下面公式中计算即可得到两波形相位差即相移。

$$\vartheta = \frac{\tau}{T} \times 360° = \vartheta_\text{o} - \vartheta_\text{i}$$

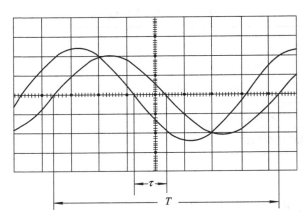

图 3.31 相移测量示意图

七、知识拓展

(1) 若选 $R=200\ \Omega$，$C=0.1\ \mu\text{F}$，重复实验步骤 1、2。用实验结果分析参数变化对电路幅频和相频特性曲线的影响。

(2) 用 Multisim 10 仿真实验 1、2。

(3) 文氏电桥正弦波发生器。

如图 3.32 所示，这是一个在集成运放输出端与输入端之间施加了正负两种反馈而构成的文氏电桥正弦波形发生器原理电路。图中，R_1、C_1、R_2、C_2 组成的串、并联网络构成正反馈回路，R_3、R_4、R_P、R_5 等构成负反馈回路，反馈电阻 $R_F = R_4 + R_P + R_5 \parallel R_D$，式中的 R_D 为二极管正向导通电阻。电位器 R_P 用于调节反馈深度以满足起振条件和改善波形，二极管 VD_1、VD_2 利用其自身正向导通电阻的非线性来自动地调节电路的闭环放大倍数以稳定波形的幅度。

当电路中取 $R_1 = R_2 = R$，$C_1 = C_2 = C$ 时，电路振荡频率为

$$f_0 = \frac{1}{2\pi RC}$$

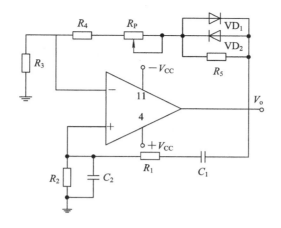

图 3.32　文氏电桥正弦波信号发生器原理电路

电路中电源电压为 ±12 V，二极管 VD_1、VD_2 可选用 1N4148 或 1N4001，集成运算放大器选用 TL084。

1. 实验要求

(1) 要求振荡频率 $f_0 = 1591.5$ Hz，当取 $R_1 = R_2 = R = 10$ kΩ，计算 $C_1 = C_2 = ?$

(2) 根据计算出的元件参数，按图 3.32 正确连接电路，调节电位器 R_P，同时用示波器观察输出正弦波形，并测试其频率 f_0，检验是否满足实验要求。

(3) 改变 R、C 数值，再次测试电路振荡频率，验证公式 $f_0 = 1/(2\pi RC)$ 是否满足。

2. 方法提示

提示 1：集成运算放大电路需要直流电源供电。本实验中电路供电电源为 ±12 V，由实验箱直流电源部分提供。

提示 2：实验中所有仪器仪表和电路都要和电源地连接在一起，即共地。

八、思考题

(1) RC 选频网络在电路中的作用有哪些？
(2) RC 选频网络的输入信号幅度与输出信号幅度的关系如何？
(3) 在 RC 选频网络的谐振点上，输入与输出波形的相位差是多少？
(4) 测量 RC 选频网络的谐振频率时，可供选用的常用测量仪表有哪些？

九、实验报告

(1) 整理数据，并在坐标纸上画出 RC 电路的幅频特性和相频特性曲线。
(2) 写出心得体会。

3.7　三相交流电路的测量

一、实验目的

(1) 学习三相交流电路负载的连接方法。

（2）验证三相平衡负载作星形连接和三角形连接时线电压与相电压、线电流与相电流之间的关系。

（3）分析比较负载作星形连接时，三线制和四线制的特点。

二、预习要求

（1）三相电路中负载的连接方法。

（2）线电压与相电压、线电流与相电流之间的关系。

三、实验原理

三相交流电路中，负载的连接方式有星形连接和三角形连接两种。星形连接时根据需要可以采用三相三线制或三相四线制供电，三角形连接时只能用三相三线制供电。负载有对称和不对称两种情况。

1. 星形连接

如图 3.33 所示，在负载作星形连接的三相电路中，无论是三相三线制还是三相四线制供电，无论各相负载对称与否，线电流与相电流总是相等的。

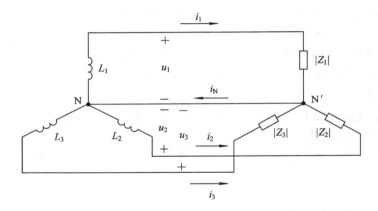

图 3.33 负载星形连接的三相四线制电路

1）负载对称时

三线制：$\dot{I}_1 + \dot{I}_2 + \dot{I}_3 = 0$；

四线制：$\dot{I}_N = \dot{I}_1 + \dot{I}_2 + \dot{I}_3 = 0$；

线电压与相电压有效值的关系：$U_l = \sqrt{3}U_P$；

相位上线电压超前相电压 $30°$。

2）负载不对称时

三线制：将出现负载中点 N′ 与电源中点 N 电位不相等的现象，实验中可通过电压表测试来验证。此时各相电压大小不等，若其中某相负载发生变化，则将对其他两相产生影响，因此，各相不能独立工作。

四线制：各相负载电压能够保持对称，此时各相电流不对称，即

$$\dot{I}_N = \dot{I}_1 + \dot{I}_2 + \dot{I}_3 \neq 0$$

中线中有电流流过，实验中可通过电流表测试 $I_{NN'}$ 来验证，中线的作用就是使各相负

载电压对称，从而使各相能独立工作，互不影响。

2. 三角形连接

如图 3.34 所示，在负载作三角形连接的三相电路中，无论负载对称与否，线电压与相电压恒等，即

$$U_{\mathrm{L}} = U_{\mathrm{P}}$$

当三角形对称连接时，线电流与相电流的有效值关系是

$$I_{\mathrm{L}} = \sqrt{3} I_{\mathrm{P}}$$

在相位上线电流滞后于对应的相电流 $30°$。

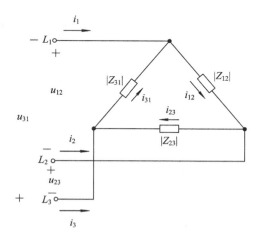

图 3.34　负载三角形连接的三相三线制电路

四、实验设备

本次实验需要的实验设备如表 3.14 所示。

表 3.14　实 验 设 备

序号	设备名称	功能作用	数量
1	交流电压表	测量交流电压	1
2	交流电流表	测量交流电流	1
3	电功表	测量功率	1
4	电工实验台	提供实验电路及元器件	1

五、实验内容

（1）连接三相电路。

（2）测量负载在对称和不对称情况下的线电压和相电压。

（3）测量负载在对称和不对称情况下的线电流和相电流。

（4）星形连接时，测量负载在对称和不对称情况下的 I_{N}、$U_{\mathrm{NN'}}$，明确中线的作用。

六、实验步骤

1. 三相电路星形连接

（1）按图 3.35 连接电路，电路中灯泡全部用 15 W 白炽灯，经教员检查后方可通电。

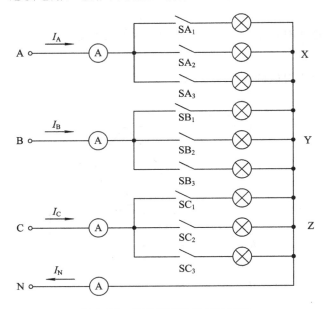

图 3.35　负载星形联结实验电路

注意：实验中采用三相交流市电，线电压为 380 V，一定要注意人身安全，不可触及导电部件。必须严格遵守先连接电路，检查后通电，实验完成后先断电再拆线的实验操作规则。

（2）按表 3.15 所给条件测量电压和电流。观察灯泡明暗变化，注意中线的作用。

表 3.15　负载星形连接测量参数

负载情况	各相负载数量			线电流/A			线电压/V			相电压/V			I_N/A	$U_{NN'}$/V
	A 相	B 相	C 相	I_A	I_B	I_C	U_{AB}	U_{BC}	U_{CA}	$U_{AN'}$	$U_{BN'}$	$U_{CN'}$		
平衡负载（四线制）	3	3	3											×
平衡负载（三线制）	3	3	3										×	
不平衡负载（四线制）	1	断	3											×
不平衡负载（三线制）	1	断	3										×	

注意：表中"×"表示此项内容无需测量。

2. 三相电路三角形连接

（1）按图 3.36 连接电路，电路中灯泡全部用 15 W 白炽灯，经教员检查后方可通电。

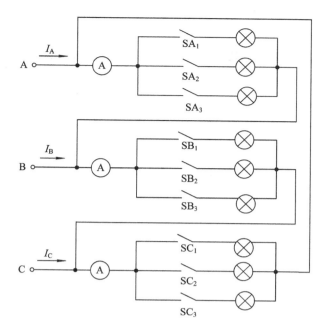

图 3.36　负载三角形联结实验电路

（2）按表 3.16 所给条件测量电压和电流，观察灯泡明暗变化。

表 3.16　负载三角形连接测量参数

负载情况	各相负载数量			线电压＝相电压/V			线电流/A			相电流/A		
	A—B相	B—C相	C—A相	U_{AB}	U_{BC}	U_{CA}	I_A	I_B	I_C	I_{AB}	I_{BC}	I_{CA}
平衡负载	3	3	3									
不平衡负载	1	2	3									

七、拓展实验

用功率表测量三相功率的测量电路如图 3.37 所示。用一个功率表分别测量各相功率，由于每次功率表测得的功率都是所在相负载吸收的功率，因此，三相总功率为每相功率之和。当三相负载对称时，可只用一个功率表测量任一相的功率，三相总功率等于该相功率的三倍。

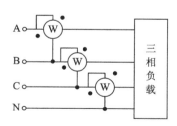

图 3.37　功率表测量三相功率电路

参照图 3.37 所示电路,用一功率表测量三相四线制电路各相负载的有功功率,测量数据填入表 3.17。

表 3.17　三相四线制负载有功功率测量数据

待测数据＼实验内容	各相有功功率/W			总有功功率/W
	P_A	P_B	P_C	P
对称负载 (各相开一盏灯)				
不对称负载 (有一相开两盏灯)				

注意:测量时应正确选择功率表的量程,以免损坏功率表。

八、思考题

(1) 三相电路中负载不对称时,应采用哪种连接方法?为什么?

(2) 三相电路中星形连接时,中线的作用是什么?

(3) 在负载作星形连接的三相电路中,线电流与相电流的关系如何?

九、实验报告

(1) 用实验数据总结归纳三相电路中线电压与相电压、线电流与相电流之间的关系。

(2) 总结三相四线供电系统中中线的作用。

(3) 从实验现象分析日常照明供电电路中负载能否采用三角形连接,为什么?

3.8　日光灯电路及功率因数的提高

一、实验目的

(1) 熟悉常用电子仪器及电工实验台的使用。

(2) 学习日光灯线路的连接,提高实际操作能力。

(3) 研究提高感性负载功率因数的方法,了解提高功率因数的实际意义。

二、预习要求

(1) 预习日光灯工作原理。

(2) 预习并联电容器提高感性负载功率因数的原理。

三、实验原理

1. 提高功率因数的方法

功率因数的高低会影响发电设备(如发电机、变压器等)利用电能的能力,为了有效地利用这些发电设备，就必须提高功率因数。功率因数不高，根本原因是感性负载的存在，而感性负载本身如果要正常工作，则需要一定的无功功率。如何在减少电源与负载之间能量互换的同时，又能使感性负载获得所需要的无功功率，是我们实验中要解决的主要问题。

在电力系统中，提供电能的发电机是按要求的额定电压 U_N 和额定电流 I_N 设计的，发电机的容量是额定电压与额定电流之积 $U_N I_N$，它是发电机在安全运行下所能产生的最大功率。所以，要充分利用发电机，就应该使其能送出的平均功率等于该机的容量。当发电机在额定电压与额定电流下运行时，送出的平均功率与所接负载的功率因数密切相关，即

$$P = U_N I_N \cos\varphi$$

只有当所接负载是电阻时，因 $\cos\varphi = 1$，发电机送出的平均功率恰好等于发电机的容量，这时发电机才能得到充分的利用；当负载是感性（或容性）时，由于 $\cos\varphi < 1$，发电机送出的平均功率要小于该机的容量，发电机得不到充分的利用，其中一部分在发电机与负载之间进行互换，从而增加了线路和发电机绕组的功率损耗。

电力负载多数为感性负载，因此为了提高功率因数，一般采用在感性负载上并联电容器的办法，这样就可以用电容器的无功功率来补偿感性负载的无功功率，从而减少、甚至消除感性负载与电源之间的能量交换。提高感性负载功率因数的实验电路如图 3.38 所示。

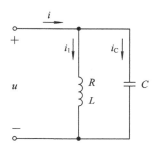

图 3.38　电容器与感性负载
并联提高功率因数

并联电容器后，感性负载电流 $i_1 = U/\sqrt{R^2 + X_L^2}$ 和功率因数 $\cos\varphi_1 = R/\sqrt{R^2 + X_L^2}$ 均未变化，仍能提供感性负载正常工作所需的无功功率，但电压 u 和线路电流 i 之间的相位差 φ 变小了，即 $\cos\varphi$ 变大了，如图 3.38 所示。此时电感性负载所需的无功功率大部分或全部由电容器供给，能量的互换主要或完全发生在电感性负载与电容器之间，从而使发电机容量得到充分利用，同时线路电流 i 也减小了，因而减小了功率损耗。

2. 日光灯电路工作原理

1）日光灯管

日光灯管的内壁涂有荧光粉，灯管两端灯丝涂有氧化物，管内充满含有微量汞的氩气。当灯丝通电预热后发射大量电子，若此时管内电极间存在高压，则氩气电离放电使管内温度升高，使汞变为汞气，在电子轰击下汞气游离放电产生辉光，辉光中的紫外线照射管壁荧光粉使其发光。为此，必须有启动装置和灯管串联来产生这个瞬间高压，而灯管一旦被点燃，则只需较低电压即能维持继续放电。

2）整流器

整流器是一个铁芯线圈，其作用一是在启动时产生瞬间高压，点燃日光灯；二是日光灯正常工作后，整流器起降压作用，使得灯管两端电压较低，限制灯管的工作电流。

3）启辉器

如图 3.39 所示，启辉器是一个辉光放电管，两个电极装在含有氖气的玻璃泡内，每个电极都由两片热胀系数不同的金属片制成。当加上电源时，瞬间触点未接通，220 V 电压

将全部加在启辉器的两触头间，启辉器内气体游离产生辉光放电，玻璃泡内温度升高，双金属片电极受热后膨胀向外伸直使触头闭合，电路接通，日光灯灯丝加电预热；此后由于启辉器内部两触头间电压为零而停止放电，双金属片电极冷却后触头分开，瞬间电流突变为零，使整流器两端感应到很高的感应电动势，日光灯得到启动需要的瞬间高压；日光灯点燃后，灯管两端电压较低，启辉器不会再进行放电，触头也不再闭合。

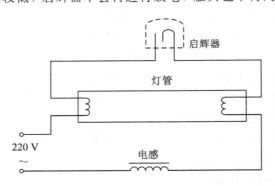

图 3.39　日光灯电路

3. 提高感性负载功率因数实验电路

如图 3.40 所示，在电路中日光灯管与整流器串联构成一个电阻和电感串联的电感性负载电路，由于整流器本身电感较大，故整个电路功率因数很低。整个电路消耗的功率 P 包括日光灯管消耗功率和整流器所消耗的有功功率。为了提高电路的功率因数，可以与电感性负载并联电容器，此时总电流 I 是日光灯电流 I_L 和电容器电流 I_C 的相量和，因为电容器吸取的容性无功电流 I_C 抵消了一部分日光灯电流中的感性无功分量，所以电路总电流下降，电路的功率因数被提高了。当电容器逐步增加到一定容量时，总电流下降到最小值，此时电路的功率因数 $\cos\varphi=1$；若继续增加电容量，总电流又将上升。由于电源的电压是固定的，所以并联电容器并不影响感性负载的正常工作，即感性负载电流、功率及功率因数并不随并联电容量的多少而改变，仅仅是电路总电流及总功率因数发生变化。电路消耗功率为

$$P = IU\cos\varphi = I_L U_R + I_L U_L \cos\varphi_1$$

$$\cos\varphi_1 = \frac{R}{\sqrt{R^2 + X_L^2}}$$

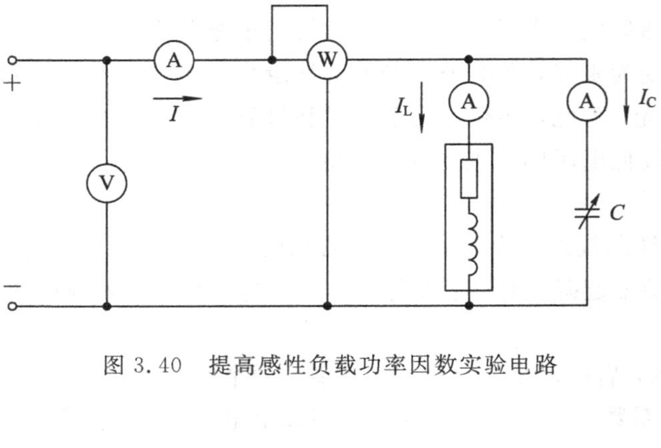

图 3.40　提高感性负载功率因数实验电路

四、实验设备

本次实验需要的实验设备如表 3.18 所示。

表 3.18 实 验 设 备

序号	设 备 名 称	功 能 作 用	数量
1	交流电压表	测量输入电压、负载电压	1
2	交流电流表	测量交流电流	1
3	功率表	测量功率	1
4	电工实验台	提供实验电路及元器件	1

五、实验内容

（1）连接日光灯电路。
（2）测量无电容补偿时电路的功率因数。
（3）并联电容后，改变电容大小并测量电路的功率因数。

六、实验步骤

按图 3.40 连接电路。

（1）当 $C=0\ \mu F$ 时，接通电源，使日光灯点亮，测量总电流 I、总电压 U、$\cos\varphi$ 以及灯管两端电压 U_R 和整流器端电压 U_L，数据填入表 3.19。计算日光灯的等效电阻、电感和 $\cos\varphi$。

表 3.19 日光灯电路参数测量

I/A	U/V	P/W	$\cos\varphi$	U_R/V	U_L/V

（2）电容值 $C=1,2.2,3.2,\cdots,7.9\ \mu F$。保持 U 不变，测量在不同 C 值时电路的总电流 I、电感电流 I_L、电容电流 I_C 与 $\cos\varphi$ 值，数据填入表 3.20。画出 $\cos\varphi-I$、$I-C$ 曲线，说明它们的关系。

表 3.20 日光灯电路参数测量

$C/\mu F$	1	2.2	3.2	4.7	5.7	6.9	7.9
I/A							
I_L/A							
I_C/A							
P/W							
$\cos\varphi$							

注意：按图正确接线，切勿把 220 V 电源接到日光灯管的两端，以免损坏灯管。

七、知识拓展

在图 3.40 交流电路中，功率因数可通过测量 U_R、U_L、I_L 来计算。由于

$$P = IU\cos\varphi = I_L U_R + I_L U_L \cos\varphi_1$$

$$\cos\varphi_1 = \frac{R}{\sqrt{R^2 + X_L^2}}$$

若能测量出电路总电压 U 和电流 I 以及 U_R、U_L、I_L，求出 R 和 X_L，就能计算出 $\cos\varphi_1$，从而得到 $\cos\varphi$。

在图 3.40 电路中，如果没有提供功率表，那么能否由表 3.20 中的测量数据，计算出功率因数。

八、思考题

(1) 交流电路中，功率因数不高的根本原因是什么？

(2) 如何根据电流表的读数来判断负载功率因数等于 1 的情况？

(3) 日光灯电路中启辉器的作用是什么？

(4) 在日光灯电路中，如果缺少启辉器，在确保安全的情况下，如何使日光灯点亮？

九、实验报告

(1) 根据步骤 (1) 测量所得的数据，计算日光灯的等效电阻及电感。

(2) 画出 $\cos\varphi - I$、$I - C$ 曲线，说明它们的关系。

(3) 回答思考题。

第4章 模拟电子技术实验

4.1 晶体管共发射极放大电路研究

一、实验目的

(1) 学会检查、调整、测量电路的工作状态，了解静态工作点对放大器性能的影响。

(2) 掌握测量放大电路的电压放大倍数、输入和输出电阻的方法。

(3) 了解负载对电路参数的影响。

(4) 熟悉常用电子仪器及模拟电路实验模块的使用。

二、预习要求

(1) 预习测量交流电压放大器动态和静态参数、电压放大倍数及输入和输出电阻的方法。

(2) 熟悉实验原理电路图，了解各个元件、测试点及开关的位置和作用。

(3) 实验放大电路采用 3DG6 晶体管，设 $\beta = 100$，$R_{B1} = 20 \text{ k}\Omega$，$R_{B2} = 60 \text{ k}\Omega$，$R_E = 1 \text{ k}\Omega$，$R_C = 2.4 \text{ k}\Omega$，$R_L = 2.4 \text{ k}\Omega$，$U_{CC} = 12 \text{ V}$，估算放大器的静态工作点、电压放大倍数 A、输入电阻 R_i 和输出电阻 R_o。

(4) 应用电路设计仿真软件 Multisim 10，对单级共发射极放大电路进行仿真设计、分析。

三、实验原理

图 4.1 所示的共射电压放大器为本实验的交流电压放大器实验原理电路。

图 4.1 所示的是单级电阻分压式稳定放大器静态工作点电路。它的偏置电路采用由 R_{B1} 和 R_{B2} 组成的基极分压电路，并在发射极中接有 R_{E1} 和 R_{F1}，以稳定放大器的静态工作点。当在放大器的输入端加入信号 u_i 后，在放大器的输出端得到一个与 u_i 相位相反、幅值被放大的输出信号 u_o，从而实现电压放大。

交流电压放大器的基本要求是：在输出电压波形基本不失真的情况下，有足够的电压放大倍数。也就是说，放大器中的晶体管必须工作在线性放大区，这一要求可以通过静态电路的设置来满足。

静态工作点的测量是指放大器在加上直流电源而不加输入信号的情况下，选用适合的直流电流表和直流电压表来测量晶体管各极的直流电流和直流电压(例如，I_B、I_C、U_{CE})。测量电流时，为了避免变更线路，工程实践中一般采取先测出电压，再换算成电流的方法间接测量 I_B、I_C 值。例如，图 4.1 的 I_C 测量，可先测出 U_{RC}(集电极电阻上的压降)，再由 $I_C = U_{RC}/R_C$ 算出 I_C；也可测 U_E(发射极电压)，再由 $I_C \approx I_E = U_E/R_E$ 算出 I_C。

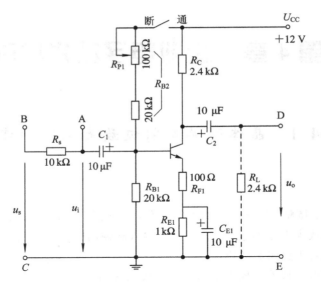

图 4.1　共发射极电压放大器原理图

初设静态工作点时，常选直流负载线的中点，即 $U_{CE}=U_{CC}/2$ 或 $I_C=I_{CS}/2(I_{CS}=U_{CC}/R_C$ 为集电极饱和电流），这样可以获得最大输出动态范围。对于选定的电压放大器，静态工作点的调整常是通过改变偏置电阻 R_B 来实现的，所以偏置电阻 R_B 常选用电位器 R_P 来代替。为了防止在调整的过程中将电位器阻值调得过小使 I_C 过大而烧坏晶体管，可用一只固定电阻 R_{B1} 与电位器 R_P 串联。

在放大器输出端接有负载电阻 R_L 时，交流负载线比直流负载线要陡，所以，放大器的动态电压范围要减小。反映最大输出动态范围的参数是最大不失真电压 u_{cem}。图 4.2 中空载时最大不失真电压是 u_{cem1}，带载时的最大不失真电压是 u_{cem2}。在同一个静态工作点 Q 下，$u_{cem1}>u_{cem2}$。

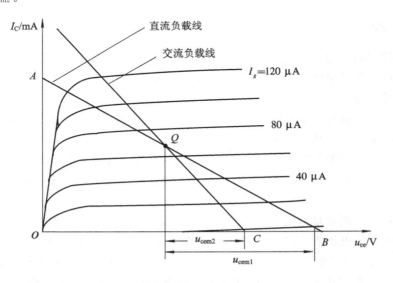

图 4.2　从最优动态范围选择静态工作点

有射极电阻 R_E 时，动态范围也会减小。这时可将静态工作点调在交流负载线的中点，以获得最大动态范围。

从图 4.2 可见，静态工作点的位置决定了最大动态范围。当静态工作点设置不当，或输入信号过大时，放大器的输出电压都会产生非线性失真。工作点偏高，放大器在加入交流信号以后易产生饱和失真，此时 u_o 的负半周将被削底，如图 4.3(a) 所示；工作点偏低则易产生截止失真，即 u_o 的正半周被压缩（一般截止失真不如饱和失真明显），如图 4.3(b) 所示。

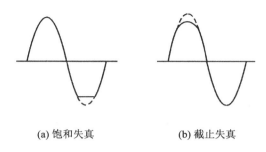

(a) 饱和失真　　　　**(b) 截止失真**

图 4.3　静态工作点对 u_o 波形的影响

电压放大器的放大能力用电压放大倍数 A 来衡量，即

$$A = \frac{u_o}{u_i}$$

式中，u_o 为输出信号电压，u_i 为输入信号电压。u_o 和 u_i 可用交流毫伏表测得，示波器用来观察输入和输出信号电压波形及其相位关系，也可同时用示波器测得 u_o 和 u_i 的幅值。

放大器输入电阻的大小反映了放大器消耗前级信号功率的大小。为了测量放大器的输入电阻，按图 4.4 所示，在被测放大器的输入端与信号源之间串入一个已知电阻 R，加入交流电压，在放大器正常工作的情况下，用交流毫伏表测出 u_s 和 u_i，根据输入电阻的定义可得

$$R_i = \frac{u_i}{i_i} = \frac{u_i}{\dfrac{u_R}{R}} = \frac{u_i}{u_s - u_i}R$$

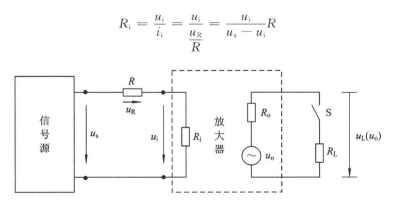

图 4.4　输入、输出电阻测量电路

注意：由于电阻 R 两端没有电路公共接地点，所以测量 R 两端电压 u_R 时必须分别测出 u_s 和 u_i，然后按 $u_R = u_s - u_i$ 求出 u_R 值；电阻 R 的值不宜取过大或过小，以免产生较大的测量误差，通常取 R 与 R_i 为同一数量级为好，本实验可取 $R = 1 \sim 10$ kΩ。

放大器输出电阻的大小反映了放大器带动负载的能力。R_o 越小，放大器输出等效电路

就越接近于恒压源，带负载的能力就越强。按图 4.4 所示电路，在放大器正常工作的条件下，测出输出端不接负载 R_L 的输出电压 u_o 和接入负载后的输出电压 u_L，根据

$$u_L = \frac{R_L}{R_o + R_L} u_o$$

即可求出输出电阻

$$R_o = \left(\frac{u_o}{u_L} - 1\right) R_L$$

四、实验设备

本次实验需要的实验设备如表 4.1 所示。

表 4.1　实　验　设　备

序号	设 备 名 称	功 能 作 用	数量
1	双踪示波器	观测输入、输出波形	1
2	函数信号发生器	提供输入信号	1
3	数字万用表	测量静态工作点	1
4	交流毫伏表	测量交流信号电压	1
5	电工电子综合实验装置	单级共发射极放大电路实验模块	1

五、实验内容

（1）测量放大器的静态工作点，使 $I_{CQ} = 2$ mA。

（2）分别在空载、带载的情况下，测量电压放大倍数，此时输入信号 $u_i = 10$ mV，$f = 1$ kHz，输出波形不能失真。

（3）观察静态工作点对输出波形失真的影响。

（4）测量放大器的输入电阻和输出电阻。

六、实验步骤

为了防止干扰、减小测量误差，各仪器的公共端必须连接在一起，同时信号源、交流毫伏表和示波器的引线应采用专用电缆线，并正确选择信号检测点和公共接地端。

1．调整静态工作点

（1）将直流稳压电源 12 V 输出连接到实验电路板的电源接入端，连线如图 4.5 所示。

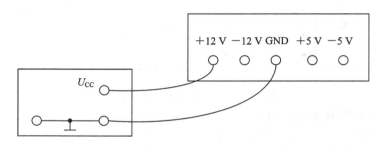

图 4.5　实验电路与直流电源连线图

（2）实验电路如图 4.1 所示。调节偏置电位器 R_{P_1}，使 $U_E=2.2$ V(用万用表直流电压挡测量)，即得 $I_C=2$ mA，测量相应的 U_{CE}、U_{BE} 及 R_{B2} 的值，测量数据填入表 4.2 中。

表 4.2 $I_C=2$ mA 时的实验测量数据

测 试 条 件		测 量 项 目			
		U_{CE}/V	U_{BE}/V	$R_{B2}/k\Omega$	I_C/mA
共射放大器	$R_C=2.4$ kΩ				

注意：测量 R_{B2} 时应关闭电源，断开电路(开关处于断开位置)。

2. 电压放大倍数的测量

（1）保持 $I_C=2$ mA 时的静态工作点。

（2）打开信号源，调节其信号频率为 1 kHz，输出电压幅度 $u_i=10$ mV。

（3）将信号源输出通过电缆接到图 4.1 的输入端"A"和接地端"C"，用交流毫伏表测量输入电压。

（4）用示波器观察输出电压波形，在其不失真的情况下，测量放大器空载和带载情况下的输出电压，将所测结果记录于表 4.3 中。

表 4.3   放大倍数测量

输入电压 u_i	负载情况	输出电压 u_o/mV	放大倍数 A
10 mV	$R_L=\infty$		
	$R_L=2.4$ kΩ		

3. 测量放大器的输入电阻和输出电阻

1）输入电阻的测量

（1）将信号源输出通过电缆接到图 4.1 的输入端"B"和接地端"C"，调整信号源输出，用示波器观察放大器的输出，使输出波形不失真。

（2）用交流毫伏表测量电阻 R_s 两端的对地电压 u_s 和 u_i，则

$$R_i=\frac{u_i}{i_i}=\frac{u_i}{\dfrac{u_R}{R}}=\frac{u_i}{u_s-u_i}R_s \quad (\text{本实验 } R_s=10 \text{ k}\Omega)$$

2）输出电阻的测量

（1）保持放大器正常工作，使 $R_L=\infty$，用交流毫伏表测量输出端的开路电压 u_o。

（2）使 $R_L=2.4$ kΩ，用交流毫伏表测量 R_L 端的电压 u_L，则 $R_o=\left(\dfrac{u_o}{u_L}-1\right)R_L$。

4. 观察静态工作点对输出波形失真的影响

（1）维持静态工作点不变，逐渐增大 u_i 幅值，直到 u_o 波形的正或负峰刚要出现失真，记下此时的 u_i 和 u_o。

（2）将 R_{P1} 值逐渐调小，用示波器观察 u_o 的波形变化，直至 u_o 的负半周出现失真(饱和失真)，将波形记录在表 4.4 中。

（3）将 R_{P1} 值逐渐调大，用示波器观察 u_o 的波形变化，可以看到 u_o 的幅值逐渐减小(当

截止失真不明显时可适当加大输入信号），至 u_o 的正半周出现明显的失真为止，并将波形记录在表 4.4 中。

表 4.4　失真波形分析

种　　类	内　　容		
	失真波形	失真原因	解决办法
饱和失真			
截止失真			

七、知识拓展

1. 放大器的频率特性

放大器的频率特性是指放大器的电压放大倍数 A 以及输入、输出信号相位差与输入信号频率 f 之间的关系曲线。单管阻容耦合放大电路的幅频特性曲线如图 4.6 所示，A_m 为中频电压放大倍数（如 $f_0 = 1\ \text{kHz}$），通常规定电压放大倍数随频率变化下降到中频放大倍数的 $1/\sqrt{2}$ 倍，即 $0.707A_m$ 所对应的频率分别称为下限频率 f_L 和上限频率 f_H，则通频带 $BW = f_H - f_L$。

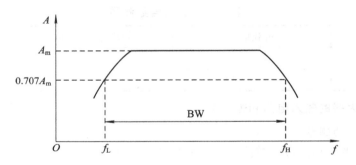

图 4.6　单管阻容耦合放大电路的幅频特性曲线

放大器的幅频特性就是测量不同频率信号时的电压放大倍数 A。实验采用逐点测试法，输入信号每设置一个频率，测量一次对应的电压放大倍数 A，测量时应注意取点要恰当，通常测量 f_0、f_L、$f_L/5$、f_H、$5f_H$ 等几个关键频率点，在低频段与高频段应多测几个点，在中频段可以少测量几个点，从而便于绘出幅频特性曲线。

注意：在改变频率时，要保持输入信号的幅度不变（通常 $u_i = 10\ \text{mV}$），且输出波形不失真。

放大器的相频特性的测试是通过双踪示波器测量输入、输出波形的时间差来计算相位差的。将两个正弦波形同时显示在示波器屏面上，其正弦波周期为 T，两波形时间差为 τ，则相位差 $\varphi = \tau/T \times 360°$。正确选择频率测试点，通常在测量幅频特性的同时，用示波器监测不同频率点的 φ，即可绘出相频特性曲线。

2. 测量幅频特性曲线

设置 $R_C = 2.4\ \text{k}\Omega$，$R_L = 2.4\ \text{k}\Omega$，$I_C = 2\ \text{mA}$。保持输入信号 u_i 的幅度不变，改变信号源频率 f，逐点测量出相应的输出电压 u_o，测量数据记入表 4.5 中。

表 4.5 $u_i = 10\ \mathrm{mV}$ 时的测量数据

	f/kHz				
	$f_L/5$	f_L	f_0	f_H	$5f_H$
f/kHz					
u_o/V					
$A = u_o/u_i$					

注意：为了信号源频率取值合适，可先粗略测一下 f_0，找出中频范围，然后再仔细测绘找出 f_L 和 f_H。同时可用示波器监测输入、输出信号相位差，测量相频特性。

八、思考题

（1）放大器在加入交流信号后，若输出波形出现负半周削底现象，那么这是什么原因引起的？

（2）仪器没有共地连接会出现什么问题？

（3）分析图 4.7 所示波形是什么类型的失真？是什么原因引起的？如何解决？

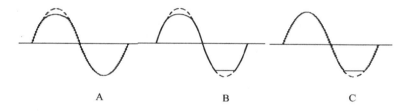

A   B   C

图 4.7 输出波形失真

（4）负载电阻 R_L 对电路的哪些参数有什么影响？

九、实验报告

（1）列表整理测量结果，把实测的静态工作点、电压放大倍数、输入电阻、输出电阻之值与理论计算值比较（取一组数据进行比较），分析误差产生原因。

（2）总结 R_C、R_L 及静态工作点对放大器电压放大倍数、输入电阻、输出电阻的影响，讨论静态工作点变化对放大器输出波形的影响。

（3）回答思考题。

4.2 负反馈放大电路的研究

一、实验目的

（1）学习两级阻容耦合放大电路静态工作点的调试方法。

（2）进一步掌握放大电路输入电阻及输出电阻的测量方法。

（3）了解负反馈对放大器各项性能指标的影响。

（4）掌握放大器性能指标的测量方法。

二、预习要求

（1）预习负反馈放大器的内容，熟悉电压串联负反馈电路的工作原理以及对放大电路性能的影响。

（2）按实验电路图 4.8 估算放大器的静态工作点（取 $\beta_1 = \beta_2 = 100$）。

（3）怎样把负反馈放大器改接成基本放大器？

（4）怎样判断放大器是否存在自激振荡？如何进行消振？

（5）应用电路设计仿真软件 Multisim 10，设计电压串联负反馈电路，进行放大器性能分析。

三、实验原理

实验电路图 4.8 为带有负反馈的两级阻容耦合放大电路，在电路中通过 R_f 把输出电压 u_o 引回到输入端，加在晶体管 VT_1 的发射极上，在发射极电阻 R_{F1} 上形成反馈电压 u_f。由反馈的判断法可知，它属于电压串联负反馈，对放大器影响主要有以下几点。

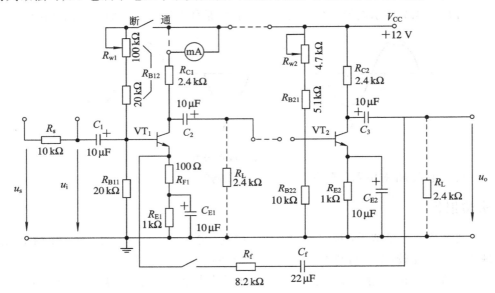

图 4.8　带有电压串联负反馈的两级阻容耦合放大电路

1. 闭环电压放大倍数

$$A_f = \frac{A}{1 + AF}$$

其中，$A = u_o / u_i$，表示无反馈时基本放大器的电压放大倍数，即开环电压放大倍数。反馈系数 $F = R_{F1} / (R_f + R_{F1})$。

注意：反馈深度 $1 + AF$ 的大小决定了负反馈对放大器性能改善的程度。由公式可知，闭环电压放大倍数降低了 $1 + AF$ 倍。

2. 输入电阻

$$R_{if} = (1 + AF) R_i$$

其中，R_i 是基本放大器的输入电阻。可见，引入负反馈后，输入电阻增加了 $1+AF$ 倍。

3. 输出电阻

$$R_{\text{of}} = \frac{R_{\text{o}}}{1+AF}$$

其中，R_{o} 是基本放大器的输出电阻，A 是基本放大器在 $R_L=\infty$ 时的电压放大倍数。可见，引入负反馈后，其输出电阻降低了 $1+AF$ 倍。

4. 通频带

引入负反馈扩展了放大器的通频带，减少了非线性失真。

四、实验设备

本次实验需要的实验设备如表 4.6 所示。

表 4.6　实 验 设 备

序号	设 备 名 称	功 能 作 用	数量
1	双踪示波器	观测输入、输出波形	1
2	函数信号发生器	提供输入信号	1
3	数字万用表	测量静态工作点	1
4	交流毫伏表	测量交流信号电压	1
5	电工电子综合实验装置	负反馈放大电路模块	1

五、实验内容

（1）各级静态工作点的调整。
（2）测量总的电压放大倍数并观察负反馈对放大倍数的影响。
（3）测量放大电路输入电阻及输出电阻。

六、实验步骤

在两级阻容耦合放大电路中，由于级间耦合电容的隔直作用，前、后级放大电路的静态工作点互不影响，因此，各级静态工作点可以单独调整。又因前级电压动态工作范围较小，则前级静态工作点应比后级要略低一些。

1. 调整各级静态工作点

（1）将直流稳压电源 12 V 输出连接到实验电路板的电源接入端，接通负反馈支路。
（2）设置 $u_i=0$ V，调节实验电路板上的偏置电位器 R_{w1}，使 $I_{C1}=1$ mA，调节 R_{w2}，使 $I_{C2}=2$ mA，用直流电压表分别测量第一级、第二级的静态工作点，填入表 4.7 中。

表 4.7　$I_{C1}=1$ mA、$I_{C2}=2$ mA 时的实验测量数据

	$U_B/$V	$U_E/$V	$U_C/$V	$I_C/$mA
第一级				
第二级				

注意：测静态工作点时，不加交流信号。

2. 测量电压放大倍数并观察负反馈对放大倍数的影响

（1）将图 4.8 改接为基本放大电路，按照图 4.9 连接电路。

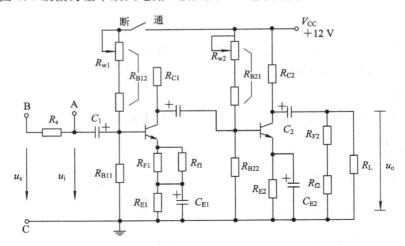

图 4.9　基本放大电路

（2）打开信号源，调节其信号频率为 1 kHz，输出电压幅度 $u_o = 5$ mV 的正弦信号。

（3）将信号源输出通过电缆接到图 4.9 的输入端"A"和接地端"C"，用交流毫伏表测量输入电压 u_i。

（4）用示波器观察输出电压波形，在输出波形不失真的情况下，测量基本放大电路空载和带载情况下的输出电压 u_o，并将所测结果记录于表 4.8 中。

（5）保持输入信号不变的情况下，按照图 4.8 连接电路。

（6）用示波器观察输出电压波形，在输出波形不失真的情况下，测量负反馈放大电路空载和带载情况下的输出电压 u_o，并将所测结果记录于表 4.8 中。

表 4.8　放大倍数测量

输入电压 u_i	电路类型	负载情况	u_{o1} /mV	u_{o2} /mV	$A = \dfrac{u_{o1}}{u_i}$	$A = \dfrac{u_{o2}}{u_{o1}}$	总放大倍数 A
5 mV	基本放大器	$R_L = \infty$					
		$R_L = 2.4$ kΩ					
	负反馈放大器	$R_L = \infty$					
		$R_L = 2.4$ kΩ					

注意：A 已经考虑下一级输入电阻的影响，所以第一级的输出电压 u_{o1} 就是第二级的输入电压 u_{i2}，而不是第一级的开路电压。

3. 测量放大电路输入电阻及输出电阻

1）输入电阻的测量

（1）用示波器观察放大器的输出，使输出波形不失真。

（2）用示波器（或交流毫伏表）测量电阻 R_s 两端的 u_s 和 u_i，则

$$R_i = \frac{u_i}{i_i} = \frac{u_i}{\dfrac{u_R}{R}} = \frac{u_i}{u_s - u_i} R_s$$

电路中，$R_s = 10$ kΩ。

（3）分别按图 4.8 和图 4.9 接入信号源，测试基本放大电路和负反馈放大电路在空载时的输入电阻，将结果记入表 4.9 中。

2）输出电阻的测量

（1）保持放大器正常工作，使 $R_L = \infty$，用交流毫伏表测量输出端的开路电压 u_o。

（2）使 $R_L = 2.4$ kΩ，用交流毫伏表测量 R_L 端的电压 u_L，则

$$R_o = \left(\frac{u_o}{u_L} - 1 \right) R_L$$

（3）分别按图 4.8 和图 4.9 接入信号源，测试基本放大电路和负反馈放大电路的输出电阻，将结果记入表 4.9 中。

表 4.9　放大电路输入电阻及输出电阻

放大电路类型	u_s	u_i	u_o/mV $R_L = \infty$	u_L/mV $R_L = 2.4$ kΩ	R_i	R_o
基本放大电路	10 mV					
负反馈放大电路						

注意：测试负反馈放大电路时，反馈支路的开关要打到"通"的位置。

七、知识拓展

负反馈对通频带的影响。

集成运算放大器电路都采用直接耦合，无耦合电容，故其低频特性良好，从而展宽了通频带。引入负反馈后，在高频段，通频带又能得到展宽。为什么负反馈能展宽通频带，可以这样来理解：在中频段，开环放大倍数 $|A|$ 高，反馈信号也较高，因而使闭环放大倍数 $|A_f|$ 降低得较多；而在高频段，$|A|$ 较低，反馈信号也较低，因而使 $|A_f|$ 降低得较少，这样，就将放大电路的通频带展宽了。负反馈对通频带的影响如图 4.10 所示。

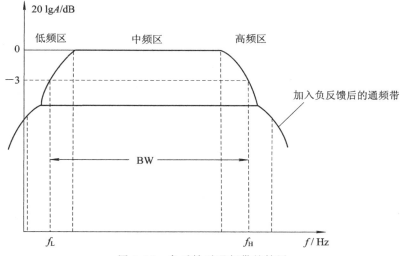

图 4.10　负反馈对通频带的扩展

八、思考题

(1) 为什么要在基本放大器中引入负反馈?

(2) 在测放大器的通频带时,上限截止频率 f_H 对应的电压与最大输出电压之间的关系是什么?

(3) 负反馈放大器中两级放大器静态工作点之间是否相互影响?

九、实验报告

(1) 由实验测得的数据说明总的电压放大倍数与各级电压放大倍数之间的关系。

(2) 从实验中总结电压串联负反馈对放大器性能的影响(包括对放大倍数、放大倍数的稳定性、输入电阻、输出电阻以及对波形失真的改善情况等)。

4.3 集成运算放大器的基本应用

一、实验目的

(1) 熟悉集成运算放大器 LM324 的基本性质和特点,并掌握其使用方法。

(2) 研究集成运算放大器构成比例、加法、减法、积分和微分运算电路的方法。

(3) 了解集成运算放大器在实际应用时应考虑的一些问题。

二、预习要求

(1) 预习集成运算放大器的内容,分析集成运算放大器基本电路的工作原理。

(2) 写出各种运算电路的 u_i 和 u_o 关系表达式,计算出实验内容的有关理论值。

(3) 为了不损坏集成块,实验中应注意什么问题?

(4) 应用电路设计仿真软件 Multisim 10,设计反相比例运算电路,进行放大器性能分析。

三、实验原理

运算放大器是具有高增益、高输入阻抗的直接耦合放大器。本实验采用 LM324 集成运算放大器和外接电阻、电容等构成基本运算电路。在运算电路中,以输入电压作为自变量,以输出电压作为函数。当输入电压变化时,输出电压将按一定的数学规律变化,即输出电压反映输入电压的某种运算结果。集成运算放大器需要工作在线性区,在深度负反馈条件下,利用反馈网络实现各种数学运算,如本实验所讨论的加、减、积分等运算。

1. 基本运算电路

1) 反相比例运算电路

反相比例运算电路如图 4.11 所示。对于理想运放,该电路的输出电压与输入电压之间的关系为

$$u_o = -\frac{R_f}{R_1} u_i$$

反相比例运算电路电压放大倍数为

$$A = \frac{R_\text{f}}{R_1}$$

为了减小输入级偏置电流引起的运算误差，在同相输入端应接入平衡电阻 R_2。

$$R_2 = R_1 \,/\!/\, R_\text{f}$$

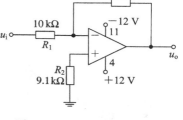

图 4.11 反相比例运算电路

2）同相比例运算电路

同相比例运算电路原理图如图 4.12 所示，它的输出电压与输入电压之间的关系为

$$u_\text{o} = \left(1 + \frac{R_\text{f}}{R_1}\right) u_\text{i}$$

同相比例运算电路电压放大倍数为

$$A = \left(1 + \frac{R_\text{f}}{R_1}\right)$$

同样电路中接入平衡电阻 R_2 为

$$R_2 = R_1 \,/\!/\, R_\text{f}$$

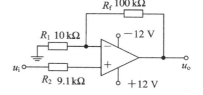

图 4.12 同相比例运算电路

注意：图 4.12 电路中，当 $R_1 \to \infty$ 时，$u_\text{o} = u_\text{i}$，即为电压跟随器。

3）反相加法电路

反相加法电路如图 4.13 所示，输出电压与输入电压之间的关系为

$$u_\text{o} = -\left(\frac{R_\text{f}}{R_1} u_\text{i1} + \frac{R_\text{f}}{R_2} u_\text{i2}\right)$$

实际电路中，一般取 $R_1 = R_2$，$R_3 = R_1 \,/\!/\, R_2 \,/\!/\, R_\text{f}$。

4）差动放大电路（减法器）

减法运算电路原理图如图 4.14 所示，当 $R_1 = R_2$，$R_3 = R_\text{f}$ 时，有如下关系式：

$$u_\text{o} = \frac{R_\text{f}}{R_1}(u_\text{i2} - u_\text{i1})$$

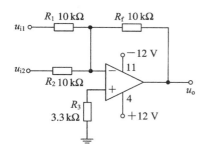

图 4.13 反相加法运算电路

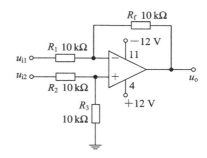

图 4.14 减法运算电路

2. LM324 集成运算放大器

LM324 是四运放集成电路，它采用 14 脚双列直插塑料封装，外形如图 4.15(a) 所示。它的内部包含四组形式完全相同的运算放大器，除电源共用外，四组运放相互独立。每一组运算放大器可用图 4.15(c) 所示的符号来表示，它有 5 个引出脚，其中＋、—为两个信号

输入端，$U+$、$U-$为正、负电源端，u_o为输出端。两个信号输入端中，$u_i(-)$为反相输入端，表示运放输出端 u_o 的信号与该输入端的信号相位相反；$u_i(+)$为同相输入端，表示运放输出端 u_o 的信号与该输入端的信号相位相同。LM324 的引脚排列见图 4.15(b)。

 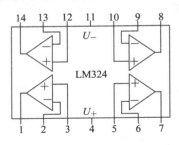 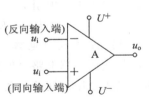

| (a) LM324外形图 | (b) LM324的引脚排列见图 | (c) LM324电路符号 |

图 4.15　LM324 集成运放

由于 LM324 四运放电路具有电源电压范围宽、静态功耗小、可单电源使用、价格低廉等优点，因此被广泛应用在各种电路中。

四、实验设备

本次实验需要的实验设备如表 4.10 所示。

表 4.10　实　验　设　备

序号	设 备 名 称	功 能 作 用	数量
1	双踪示波器	观测输入、输出波形	1
2	函数信号发生器	提供输入信号	1
3	数字万用表	测量静态工作点	1
4	交流毫伏表	测量交流信号电压	1
5	电工电子综合实验装置	模拟电路模块：集成运算放大器 LM324、电阻器、电容器	若干

五、实验内容

（1）反相比例运算电路的研究。

（2）同相比例运算电路的研究。

（3）反相加法运算电路的研究。

（4）减法运算电路的研究。

六、实验步骤

实验前要看清运放组件各管脚的位置，切忌正、负电源极性接反和输出端短路，在每一次改变实验电路时，都要先关闭电源，否则将会损坏集成块。

1. 反相比例运算电路

（1）按照图 4.11 连接电路，检查无误后，接通 ±12 V 电源。

（2）在输入端加入有效值为 0.5 V、频率为 1 kHz 的正弦交流信号 u_i，用交流电毫伏

表测量输出电压 u_o，并将测量数据填入表 4.11 中，绘出输入、输出的波形。

2. 同相比例运算电路

（1）按照图 4.12 连接电路，检查无误后，接通±12 V 电源。

（2）在输入端加入有效值为 0.5 V、频率为 1 kHz 的正弦交流信号 u_i，用交流毫伏表测量输出电压 u_o，将测量数据填入表 4.12 中，绘出输入、输出的波形。

表 4.11　反相比例运算实验数据

反相比例		输入交流信号	A	输入波形（交流）	输出波形（交流）
		0.5 V，1000 Hz			
输出	理论值				
	实测值				

表 4.12　同相比例运算实验数据

同相比例		输入交流电压	A	输入波形（交流）	输出波形（交流）
		0.5 V，1000 Hz			
输出	理论值				
	实测值				

3. 反相加法运算电路

（1）按照图 4.13 连接电路，检查无误后，接通±12 V 电源。

（2）输入信号为直流电压。实验时要注意选择合适的直流电压值，以确保集成运放工作在线性区。用直流电压表测量输入电压 u_{i1}、u_{i2} 及输出电压 u_o，将结果填入表 4.13 中。

表 4.13　反相加法运算实验数据

u_{i1}/V	5	5	5	5	5
u_{i2}/V	1	1.5	2	2.5	3
u_o/V					

4. 减法运算电路

（1）按照图 4.14 连接电路，检查无误后，接通±12 V 电源。

（2）输入信号为直流电压。实验时要注意选择合适的直流电压值，以确保集成运放工作在线性区。用直流电压表测量输入电压 u_{i1}、u_{i2} 及输出电压 u_o，将结果填入表 4.14 中。

表 4.14　减法运算实验数据

u_{i1}/V	1	1.5	2	2.5	3
u_{i2}/V	5	5	5	5	5
u_o/V					

七、知识拓展

集成运算放大器应用实例。

1. 反相交流放大器

电路图如图 4.16 所示。此放大器可代替晶体管进行交流放大，可用于扩音机前置放大。电路无需调试，放大器采用单电源供电，由 R_1、R_2 组成 $(1/2)V$ 偏置，C_1 是消振电容。

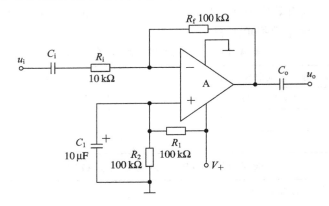

图 4.16　反相交流放大器

放大器电压放大倍数 A 仅由外接电阻 R_i、R_f 决定，$A = -R_f/R_i$，负号表示输出信号与输入信号相位相反。按图 4.16 中所给数值得到 $A = -10$。此电路输入电阻为 R_i，一般情况下，先取 R_i 与信号源内阻相等，然后根据要求的放大倍数再选定 R_f；C_o 和 C_i 为耦合电容。

2. 交流信号三分配放大器

电路图如图 4.17 所示。此电路可将输入交流信号分成三路输出，三路信号可分别用作指示、控制、分析等用途，而对信号源的影响极小。因为运放 A_1 输入电阻高，运放 $A_2 \sim A_4$ 均把输出端直接接到负输入端，信号输入至正输入端，相当于同相放大状态时 $R_f = 0$ 的情况，故各放大器电压放大倍数均为 1，与分立元件组成的射极跟随器作用相同。R_1、R_2 组成 $(1/2)V$ 偏置，静态时 A_1 输出端电压为 $(1/2)V$，故运放 $A_2 \sim A_4$ 输出端亦为 $(1/2)V$，通过输入、输出电容的隔直作用，取出交流信号，形成三路分配输出。

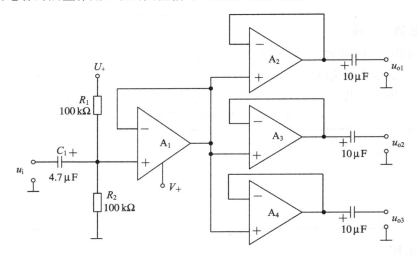

图 4.17　交流信号三分配放大器

3. 单稳态触发器

电路图如图 4.18(a)所示，此电路可用在一些自动控制系统中。电阻 R_1、R_2 组成分压电路，为运放 A_1 负输入端提供偏置电压 u_1，作为比较电压基准。静态时，电容 C_1 充电完毕，运放 A_1 正输入端电压 u_2 等于电源电压 $V+$，故 A_1 输出高电平。当输入电压 u_i 变为低电平时，二极管 VD_1 导通，电容 C_1 通过 VD_1 迅速放电，使 u_2 突然降至低电平，此时因为 $u_1 > u_2$，故运放 A_1 输出低电平。当输入电压变高时，二极管 VD_1 截止，电源电压经 R_3 给电容 C_1 充电，当 C_1 上充电电压大于 u_1 时，即 $u_2 > u_1$，A_1 输出又变为高电平，从而结束了一次单稳态触发。显然，提高 u_1 或增大 R_2、C_1 的数值，都会使单稳态延时增长；反之则缩短。

如果将二极管 VD_1 去掉，则此电路具有加电延时功能。刚加电时，$u_1 > u_2$，运放 A_1 输出低电平，随着电容 C_1 不断充电，u_2 不断升高；当 $u_2 > u_1$ 时，A_1 输出才变为高电平，参考图 4.18(b)。

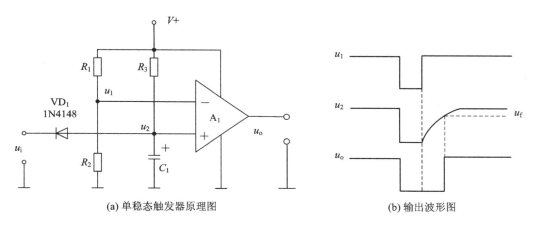

(a) 单稳态触发器原理图　　　　　　(b) 输出波形图

图 4.18　单稳态触发器

八、思考题

（1）理想运算放大器在线性应用时的两个重要特性是什么？

（2）反相比例运算放大器怎么接？

（3）为了让运算放大器工作在线性区应该采取什么措施？

（4）LM324 型集成运放的引脚顺序功能是否可随意更换？为什么？

九、实验报告

（1）比较各实验电路的测量数据与理论计算值是否符合，不符合时请分析原因。

（2）分析比较各电路的输出波形，并按比例描绘 u_i 和 u_o 的波形。

4.4　集成直流稳压电源

一、实验目的

（1）了解单相交流变压、桥式整流、电容滤波等电路的特性。

（2）掌握集成稳压器的特点、基本应用和性能指标的测试方法。

（3）了解集成稳压器扩展性能的方法。

二、预习要求

（1）复习变压、整流、滤波和稳压电源部分的内容，了解集成稳压电路的特点和工作原理。

（2）查阅集成稳压器技术文档，了解主要技术指标和典型应用电路。

（3）了解稳压电源在现代电子设备、仪器等中的应用。

三、实验原理

电子设备一般都需要直流电源供电。这些直流电除了少数直接利用干电池和直流发电机外，大多数是采用直流稳压电源把交流电（市电）转变为直流电。直流稳压电源由电源变压器、整流、滤波和稳压电路四部分组成，其原理框图如图 4.19 所示。电网供给的交流电压 u_1（220 V，50 Hz）经电源变压器降压后，得到符合电路需要的交流电压 u_2；然后由整流电路变换成方向不变、大小随时间变化的脉动电压 u_3；再用滤波器滤去其交流分量，就可得到比较平直的直流电压。但这样的直流输出电压，还会随交流电网电压的波动或负载的变动而变化，在对直流供电要求较高的场合，还需要使用稳压电路，以保证输出直流电压 U_o 更加稳定。

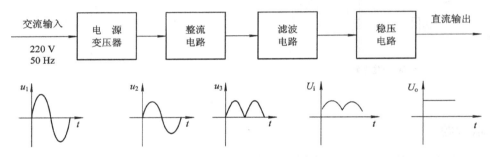

图 4.19　直流稳压电源框图

稳压部分电路是直流稳压电源的核心，集成稳压器具有外接线路简单、使用方便、工作可靠和通用性强等优点，基本上取代了由分立元件构成的稳压电路，在各种电子设备中应用普遍。集成稳压器的种类很多，常用的有串联线性集成稳压器，它是采用三端式固定输出和可调输出稳压器进行设计的，能满足设备对直流电源的性能要求。

1. 稳压电源的主要性能指标

（1）输出电压 U_o 调节范围。

（2）最大负载电流 I_{om}。

（3）输出电阻 R_o。输出电阻 R_o 定义为：当输入电压 U_i（指稳压电路输入电压）保持不变时，负载变化引起的输出电压变化量与输出电流变化量之比，即

$$R_o = \frac{\Delta U_o}{\Delta I_o}\bigg|_{R_L = 常数}$$

（4）稳压系数 S（电压调整率）。稳压系数定义为：当负载保持不变时，输出电压相对变

化量与输入电压相对变化量之比，即

$$S = \frac{\Delta U_o / U_o}{\Delta U_i / U_i}\bigg|_{R_L = 常数}$$

由于工程上常把电网电压波动±10%作为极限条件，因此也可以将此时输出电压的相对变化 $\Delta U_o / U_o$ 作为衡量指标，称为电压调整率。

（5）纹波电压。输出纹波电压是指在额定负载条件下，输出电压中所含交流分量的有效值（或峰值）。

2. 三端式固定输出集成稳压器

典型的 W7800、W7900 系列三端式集成稳压器的输出电压是固定的，在使用中不能进行调整。W7800 系列三端式稳压器输出正极性电压，一般有 5 V、6 V、9 V、12 V、15 V、18 V、24 V 七个挡次，输出电流最大可达 1.5 A（加散热片）。同类型 78M 系列稳压器的输出电流为 0.5 A，78L 系列稳压器的输出电流为 0.1 A。若要求负极性输出电压，则可选用 W7900 系列稳压器。

图 4.20 所示为 W7800 系列和 W7900 系列稳压器的外形和接线图。它们有三个引出端，分别是输入端（不稳定电压输入端）标以"IN"、输出端（稳定电压输出端）标以"OUT"、公共端标以"GND"。除固定输出三端稳压器外，还有可调式三端稳压器，后者可通过外接元件对输出电压进行调整，以适应不同的需要。

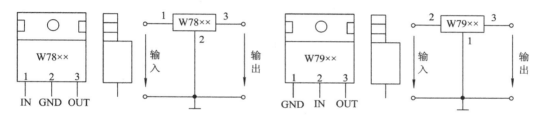

图 4.20　W7800 系列和 W7900 系列稳压器的外形及接线图

本实验所用集成稳压器为三端固定式稳压器 W7815，它的主要参数有：输出直流电压为 +15 V、输出电流为 1 A（L 系列为 0.1 A，M 系列为 0.5 A）、电压调整率为 10 mV/V、输出电阻为 0.15 Ω、输入电压范围为 18～20 V。一般 U_i 要比 U_o 大 3～5 V 才能保证集成稳压器工作在线性区。

图 4.21 所示是用三端式稳压器 W7815 构成的单电源电压输出串联型稳压电源的实验电路图。其中，整流部分采用了由四个二极管组成的桥式整流器成品（又称桥堆），内部接

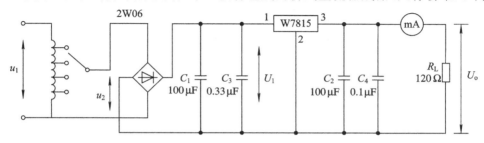

图 4.21　由 W7815 构成的稳压电路

线和外部管脚引线如图 4.22 所示。滤波电容 C_1、C_2 一般选取几百至几千微法。当稳压器距离整流滤波电路比较远时，在输入端必须接入电容器 C_3（数值为 $0.33\ \mu F$），以抵消线路的电感效应，防止产生自激振荡。输出端电容 C_4（数值为 $0.1\ \mu F$）用于滤除输出端的高频信号，以改善电路的暂态响应。

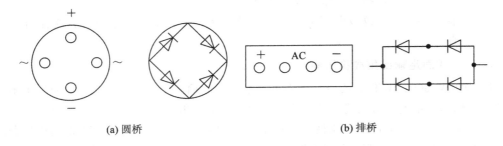

(a) 圆桥　　　　　　　　　　　　　　(b) 排桥

图 4.22　桥式整流器管脚图

图 4.23 所示为正、负双电压输出电路，如需要 $U_{o1} = +12\ V$，$U_{o2} = -12\ V$，则可选用 W7812 和 W7912 三端稳压器，这时的 U_i 应为单电压输出时的两倍。

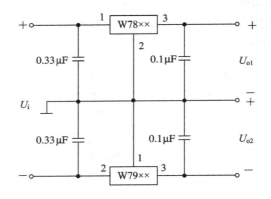

图 4.23　正、负双电压输出电路

3. 三端式可调输出集成稳压器

图 4.24 所示为可调输出正三端稳压器 W317 外形及接线图。输出电压为

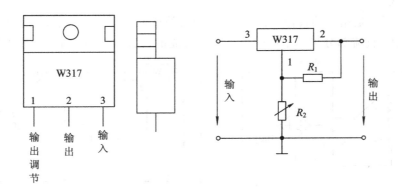

图 4.24　W317 外形及接线图

$$U_\circ \approx 1.25\left(1+\frac{R_2}{R_1}\right)$$

最大输入电压 $U_{im} = 40\ V$。输出电压 $U_\circ$ 的范围为 $1.2 \sim 37\ V$。

四、实验设备

本次实验需要的实验设备如表 4.15 所示。

表 4.15 实 验 设 备

序号	设 备 名 称	功 能 作 用	数量
1	双踪示波器	观测输入、输出波形	1
2	数字万用表	测量静态工作点	1
3	电工电子综合实验装置	直流稳压模块等	1

五、实验内容

（1）整流滤波电路测试。

（2）集成稳压器性能测试。

六、实验步骤

1. 整流滤波电路测试

（1）按照图 4.25 连接电路，检查无误后，变压器输出 17 V 电压作为整流电路输入电压 u_2。

（2）接通电源，测量输出端直流电压 U_L 及纹波电压 $u_{LP\text{-}P}$（交流分量峰峰值）。

（3）用示波器观察 u_2 和 U_L 的波形，把数据及波形记入自拟表格中。

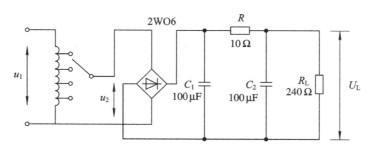

图 4.25 整流滤波电路

2. 集成稳压器性能测试

断开电源，在图 4.25 中的整流滤波后加入稳压器，取负载电阻 $R_L = 120\ \Omega$，如图4.26 所示。

1）初测

接入交流电压 u_1（220 V，50 Hz），测量 u_2 的值；测量滤波电路输出电压 U_i（稳压器输入电压）、集成稳压器输出电压 $U_\circ$，它们的数值应与理论值大致符合，否则说明电路出了故障。如果出现故障，则设法查找故障并加以排除。

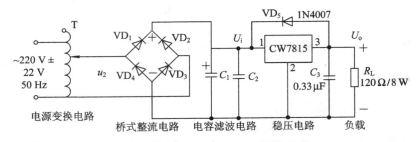

图 4.26　性能指标测试实验电路

注意：电路经初测进入正常工作状态后，才能进行各项指标的测试。

2）各项性能指标测试

（1）输出电压 U_o 和最大输出电流 I_{omax} 的测量。

在输出端接负载电阻 $R_L = 120\ \Omega$，由于 W7815 输出电压 $U_o = 15\ V$，因此流过 R_L 的电流 $I_{omax} = 15\ V/120\ \Omega = 125\ mA$。这时 U_o 应基本保持不变，若变化较大则说明集成块性能不良。

（2）稳压系数 S 的测量（以下参数自拟测试方法把测量结果填入自拟表格中）。

（3）输出电阻 R_o 的测量。

（4）输出纹波电压的测量。

七、知识拓展

集成稳压器的扩展应用。

当集成稳压器本身的输出电压或输出电流不能满足要求时，可通过外接电路来进行性能扩展。图 4.27 所示是一种简单的输出电压扩展电路，如果 W7812 稳压器的 3、2 端间输出电压为 12 V，则只要选择适当的 R 值，使稳压管 D_w 工作在稳压区，就可以使输出电压 $U_o = 12 + U_z$，从而可以高于稳压器本身的输出电压。

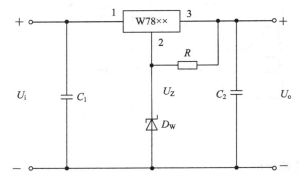

图 4.27　输出电压扩展电路

图 4.28 所示是通过外接晶体管 VT 及电阻 R_1 来进行电流扩展的电路。电阻 R_1 的阻值由外接晶体管的发射结导通电压 U_{BE}、三端式稳压器的输入电流 I_i（近似等于三端稳压器的输出电流 I_{o1}）和 VT 的基极电流 I_B 来决定，即

$$R_1 = \frac{U_{BE}}{I_R} = \frac{U_{BE}}{I_i - I_C} = \frac{U_{BE}}{I_{o1} - \dfrac{I_C}{\beta}}$$

其中，I_C 为晶体管 VT 的集电极电流，$I_C = I_o - I_{o1}$；β 为 VT 的电流放大系数；对于锗管 U_{BE} 可按 0.3 V 估算，对于硅管 U_{BE} 按 0.7 V 估算。

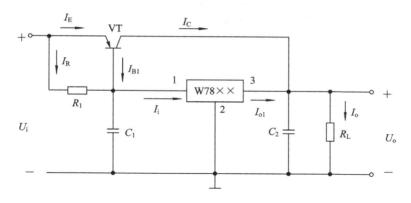

图 4.28　输出电流扩展电路

八、思考题

（1）直流稳压电源包含哪几个部分？每部分的作用是什么？

（2）滤波电路有哪些形式？各有什么特点？

（3）图 4.29 所示波形是经过哪个电路后的输出电压波形？

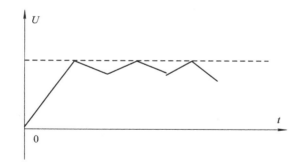

图 4.29　电路输出电压波形

九、实验报告

（1）整理实验数据，计算 R_o，并与手册上的典型值进行比较。

（2）分析讨论实验中发生的现象和问题。

第5章 数字电子技术实验

5.1 门电路和组合逻辑电路

一、实验目的

(1) 掌握门电路逻辑功能的测试方法。

(2) 掌握组合逻辑电路的功能测试和分析方法。

(3) 掌握集成芯片管脚的识别方法。

(4) 熟悉数字电路实验箱的基本功能和使用方法。

二、预习要求

(1) 学习与非门电路的工作特点和逻辑功能。

(2) 了解组合逻辑电路的设计步骤和分析方法。

(3) 阅读附录 B 数字电路实验箱的使用方法。

(4) 预习本书第 1 章中有关集成电路的相关知识，掌握集成芯片管脚的识别方法。

三、实验原理

1. 74LS00 的逻辑功能

74LS00 是四 2 输入与非门，其外引线排列图如图 5.1 所示。当输入端有一个或一个以上是低电平时，输出端为高电平；只有当输入端全部为高电平时，输出端才为低电平。

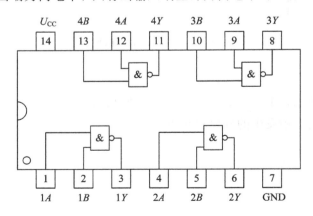

图 5.1　74LS00 的外引线排列图

74LS00 的逻辑表达式为

$$Y = \overline{AB}$$

2. TTL 集成电路使用规则

（1）认清集成块的定位标记，不得插反。

（2）TTL 电路对电源电压要求较严。电源电压 U_{CC} 只允许在 $+5\ V \pm 10\%$ 的范围工作，超过 5.5 V，将损坏器件，低于 4.5 V，器件的逻辑功能将不正常。

（3）闲置输入端处理方法：① 悬空相当于正逻辑"1"。对于一般小规模集成电路的数据输入端，实验室允许悬空处理；但是对于接有长线的输入端、中规模以上的集成电路和使用集成电路较多的复杂电路，所有控制输入端必须按照逻辑要求接入电路，不允许悬空。② 直接接电源电压（也可串入一个 $1 \sim 10\ k\Omega$ 的固定电阻）或接某一个固定电压（$2.4 \sim 4.5\ V$），或与输入端为接地的多余与非门的输出端相接。③ 若前级驱动能力允许，则可以与使用的输入端并联。

（4）输出端不允许并联使用（集电极开路门（OC）和三态输出门电路（3S）除外），否则不仅会使电路逻辑功能混乱，而且会导致器件损坏。

（5）输出端不允许直接接地或直接接 $+5\ V$ 电源，否则将损坏器件。有时为了使后级电路获得较高的输出电平，允许输出端通过电阻 R 接至 U_{CC}，一般取 $R = 3 \sim 5.1\ k\Omega$。

（6）输出端通过电阻接地，电阻值的大小将直接影响电路所处的状态。当 $R < 680\ \Omega$ 时，输出端相当于逻辑"0"；当 $R \geqslant 4.7\ k\Omega$ 时，输入端相当于逻辑"1"。对于不同系列的器件，要求的电阻不同。

3. 实验电路的布线

（1）连接电路或插接元件前，应先切断电源。

（2）插接元件前应先校准集成元器件两排管脚的距离，使之和集成电路插座或面包板上的行距相等。插接集成电路时，用力要轻而均匀，不要一下子插紧，待确定集成元件的管脚和插孔位置一致后，再稍用力将其插牢，这样可以避免集成元件管脚弯曲或折断。如果发现管脚弯曲，应用工具将管脚校直后，再将集成芯片正确地、轻轻地插入对应的插孔中。拔起元器件前，先切断电源，并应借助起拔器或工具将元器件从两侧小心拔起。

（3）插接集成元件时要认清方向，不要插反。双列直插式集成元件一般都有定位标记，在使用时必须注意。

（4）布线用的导线直径应和插孔直径相一致，根据布线的距离以及插孔的长度剪断导线。要求线头剪成 45° 斜口，线头剥离长度约为 6 mm，要求全部插入底板以保证接触良好，裸线不宜露在外面，防止与其他导线短路。

（5）导线最好分色，以区分不同的用途。红色一般用于正电源接线，黑色用于地线连线，其余连接线可采用其他颜色线。

（6）布线最好有顺序地进行，不要随意接线，以免造成漏接。布线时先将固定电平的端点连接好，例如，电源的正极线、地线、集成器件输入、输出端的连线，再按信号流向顺序依次布线。这些连线尽可能使用短线，线路简洁，尽可能减少交叉。

（7）实验线路连接完毕，应再仔细检查是否有误接或漏接。线路连接经检查无误后方可通电进行实验。

四、实验设备

本实验需要的实验设备、元器件如表 5.1 所示。

表 5.1　实验设备、元器件

序号	设 备 名 称	功 能 作 用	数量
1	数字电路实验模块	提供实验电源、逻辑电平、显示器	1
2	74LS00	四 2 输入与非门	2

五、实验内容

（1）测试 TTL 与非门的逻辑功能。

（2）测试与非门构成的组合逻辑电路的逻辑功能。

六、实验步骤

1. 测试与非门（74LS00）的逻辑功能

（1）按图 5.2 接线，将 74LS00 的 7 脚接地，14 脚接 5 V 电源，任选其中一个与非门进行实验。将与非门的两个输入端分别接入逻辑电平开关输出插口，输出端接发光二极管。

（2）按表 5.2 的要求分别改变输入信号，观察输出指示灯的变化。将结果填写在表 5.2 中，根据测试结果写出逻辑表达式。

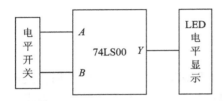

图 5.2　测试与非门逻辑功能接线图

表 5.2　与非门真值表

A	B	Y
0	1	
1	0	
1	1	
0	0	

2. 测试组合逻辑电路的逻辑功能

图 5.3 为一楼道照明灯控制电路，测试其逻辑功能并分析控制电路的工作原理。

（1）按图 5.3 搭接电路。

（2）测试电路的逻辑功能并填入表 5.3 中。

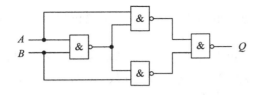

图 5.3　组合逻辑电路

表 5.3　真 值 表

A	B	Q
0	1	
1	0	
1	1	
0	0	

（3）根据测试结果写出逻辑表达式。

七、知识扩展

1. 74LS20 与非门的逻辑功能

74LS20 是四 2 输入与非门，其外引线排列图如图 5.4 所示。当输入端有一个或几个以上是低电平时，输出端为高电平；只有当输入端全部为高电平时，输出端才为低电平。

74LS20 的逻辑表达式为

$$Y = \overline{ABCD}$$

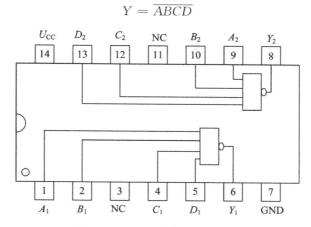

图 5.4　74LS20 的外引线排列图

2. 表决电路

表决电路属于组合逻辑电路，其输出状态仅由当时的输入状态决定。表决电路的逻辑功能是：当输入 A、B、C 三者有两者及两者以上为高电平时，输出端就为高电平；否则输出端为低电平，其逻辑的函数表达式为

$$Y = \overline{\overline{AB} \cdot \overline{AC} \cdot \overline{BC}}$$

用两块与非门(74LS20)构成如图 5.5 所示的电路，即可完成表决电路的逻辑功能。

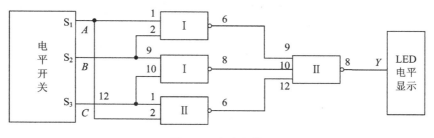

图 5.5　表决电路

八、思考题

(1) 怎样判断门电路逻辑功能是否正常？

(2) 与非门什么情况下输出高电平？什么情况下输出低电平？不用的输入端如何处理？

九、实验报告

(1) 按实验要求记录实验数据，分析实验结果，总结与非门电路的特点。

（2）通过功能测试，总结组合逻辑电路的一般分析方法。

（3）回答预习、思考问题。

5.2 触发器及其应用

一、实验目的

（1）熟悉基本 RS 触发器的组成、工作原理和逻辑功能。

（2）掌握 JK、D 触发器逻辑功能的测试方法及应用。

（3）熟悉 74LS74 和 74LS76 集成电路及各引脚功能。

二、预习要求

（1）学习触发器的内容，掌握基本 RS 触发器、JK 触发器、D 触发器的逻辑功能、触发方式及其真值表。

（2）掌握触发器异步置位、复位端的作用。

（3）查找相关资料，熟悉所选用集成触发器的逻辑功能，深入理解电平触发和边沿触发的内涵。

三、实验原理

触发器是一个具有记忆功能的二进制信号存储器件，是构成各种时序电路的最基本逻辑单元。触发器具有两个基本特征：一是其具有两个稳定状态，用以表示逻辑状态"1"和"0"；二是在输入信号作用下，可以从一个稳定状态翻转到另一个稳定状态，当输入信号消失后，已转换的稳定状态可以长期保存下来。

1. 基本 RS 触发器

图 5.6 是由两个与非门交叉耦合构成的基本 RS 触发器，它是无时钟控制、低电平直接触发的触发器。基本 RS 触发器有置 0、置 1 和保持三种功能。通常称 $\overline{S}_D$ 为置 1 端，因为 $\overline{S}_D=0$ 时触发器被置 1；$\overline{R}_D$ 为置 0 端，因为 $\overline{R}_D=0$ 时触发器被置 0；当 $\overline{S}_D=\overline{R}_D=1$ 时，状态保持。

基本 RS 触发器也可以用两个"或非门"组成，此时为高电平触发有效。

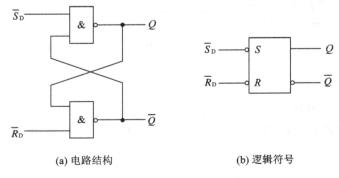

(a) 电路结构   (b) 逻辑符号

图 5.6　与非门组成的基本 RS 触发器

2. JK 触发器

在输入信号为双端的情况下，JK 触发器是功能完善、使用灵活、通用性强的一种触发器，它具有置 0、置 1、保持和翻转四种功能。

JK 触发器的状态方程为

$$Q_{n+1} = J\,\overline{Q_n} + \overline{K}Q_n$$

J 和 K 是数据输入端，是触发器状态更新的依据，当 J、K 有两个或两个以上输入端时，组成"与"的关系。Q 与 $\overline{Q}$ 为两个互补输出端。通常把 $Q=0$、$\overline{Q}=1$ 的状态定义为触发器"0"状态；把 $Q=1$、$\overline{Q}=0$ 的状态定义为触发器"1"状态。

本实验采用 74LS76 双 JK 触发器，是下降边沿触发的边沿触发器，其外引线排列及逻辑符号如图 5.7 所示。

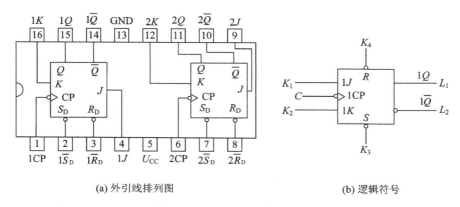

(a) 外引线排列图　　　　(b) 逻辑符号

图 5.7　74LS76 型 JK 触发器

3. D 触发器

在输入信号为单端的情况下，D 触发器用起来最为方便，其状态方程为

$$Q_{n+1} = D_n$$

其输出状态的更新发生在 CP 脉冲的上升沿，触发器的状态只取决于时钟到来前 D 端的状态。D 触发器的应用很广，可用作数字信号的寄存、移位寄存、分频和波形发生等。本实验采用 74LS74 双 D 触发器，其外引线排列及逻辑符号如图 5.8 所示。

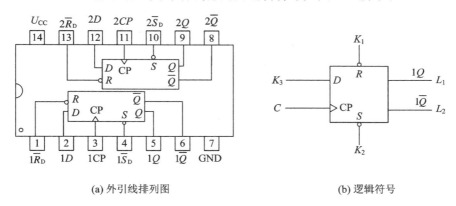

(a) 外引线排列图　　　　(b) 逻辑符号

图 5.8　74LS74 型 D 触发器

四、实验设备

本实验需要的实验设备、元器件如表 5.4 所示。

表 5.4　实验设备、元器件

序号	设备名称	功能作用	数量
1	数字电路实验模块	提供实验电源、逻辑电平、显示器、脉冲源	1
2	74LS00	四 2 输入与非门	1
3	74LS74	双 D 触发器	1
4	74LS76	双 JK 触发器	1

五、实验内容

（1）测试基本 RS 触发器的逻辑功能。

（2）测试双 JK 触发器 74LS76 的逻辑功能。

（3）测试双 D 触发器 74LS74 的逻辑功能。

六、实验步骤

1. 测试基本 RS 触发器的逻辑功能

（1）用 74LS00 中的两个与非门组成基本 RS 触发器。接线如图 5.9 所示，触发器的输入端 $\overline{S}_D$、$\overline{R}_D$ 分别接入逻辑电平开关输出插口，输出端 Q、$\overline{Q}$ 分别接发光二极管。

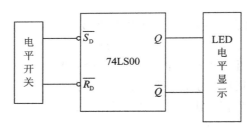

图 5.9　基本 RS 触发器逻辑功能测试接线图

（2）按表 5.5 的要求改变 $\overline{S}_D$ 和 $\overline{R}_D$ 的状态，观察 Q 和 $\overline{Q}$ 的变化，将结果记入表中。

表 5.5　基本 RS 触发器功能表

$\overline{S}_D$	$\overline{R}_D$	Q_{n+1}	$\overline{Q}_{n+1}$
0	1		
1	0		
1	1		
0	0		

2. 测试双 JK 触发器 74LS76 的逻辑功能

将双 JK 触发器 74LS76 接入电源和地，取其中 1 个 JK 触发器，$\overline{S}_D$、$\overline{R}_D$、J、K 分别接入逻辑电平开关输出插口，CP 端接单次脉冲源，输出端 Q、$\overline{Q}$ 分别接发光二极管，如图 5.10 所示。

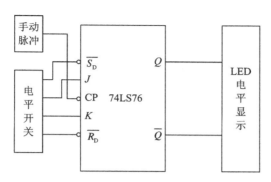

图 5.10　JK 触发器逻辑功能测试接线图

1）测试异步置位端 $\overline{S}_D$ 和复位端 $\overline{R}_D$ 的功能

使 J、K、CP 为任意状态，并按表 5.6 的要求改变 $\overline{S}_D$ 和 $\overline{R}_D$ 的值，观察输出端 Q、$\overline{Q}$ 的状态，将结果记入表中。

表 5.6　异步置位和复位功能表

J	K	CP	$\overline{S}_D$	$\overline{R}_D$	Q	$\overline{Q}$
$\times$	$\times$	$\times$	1	0		
$\times$	$\times$	$\times$	0	1		

2）测试 JK 触发器的逻辑功能

按表 5.7 的要求改变 J、K、CP 端状态，观察输出端 Q 的状态，将结果记入表中。

表 5.7　JK 触发器逻辑功能表

J	K	CP	Q_{n+1}	
			$Q_n = 0$	$Q_n = 1$
0	0	0→1		
		1→0		
0	1	0→1		
		1→0		
1	0	0→1		
		1→0		
1	1	0→1		
		1→0		

3. 测试双 D 触发器 74LS74 的逻辑功能

将双 D 触发器 74LS74 接入电源和地，取其中 1 个 D 触发器，$\overline{S}_D$、$\overline{R}_D$、D 分别接入逻辑电平开关输出插口，CP 端接单次脉冲源，输出端 Q、$\overline{Q}$ 分别接发光二极管，如图 5.11 所示。

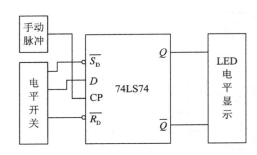

图 5.11 D 触发器逻辑功能测试接线图

1）测试异步置位端 $\overline{S}_D$ 和复位端 $\overline{R}_D$ 的功能

使 D、CP 为任意状态，并按表 5.8 的要求改变 $\overline{S}_D$ 和 $\overline{R}_D$ 的值，观察输出端 Q、$\overline{Q}$ 的状态，将结果记入表中。

表 5.8 异步置位和复位功能表

D	CP	$\overline{S}_D$	$\overline{R}_D$	Q	$\overline{Q}$
×	×	1	0		
×	×	0	1		

2）测试 D 触发器的逻辑功能

按表 5.9 的要求改变 D、CP 端状态，观察输出端 Q 的状态，将结果记入表中。

表 5.9 D 触发器逻辑功能表

D	CP	Q_{n+1}	
		$Q_n = 0$	$Q_n = 1$
0	$0 \to 1$		
	$1 \to 0$		
1	$0 \to 1$		
	$1 \to 0$		

七、知识扩展

1. 触发器的相互转换

在集成触发器的产品中，每一种触发器都有自己固定的逻辑功能，但可以利用转换的方法获得具有其他功能的触发器。例如，将 JK 触发器的 J、K 两端连在一起，并认它为 T 端，就得到 T 触发器，其状态方程为 $Q_{n+1} = T\overline{Q}_n + \overline{T}Q_n$。若将 T 触发器的 T 端置 1，即得到 T'触发器，其状态方程为 $Q_{n+1} = \overline{Q}$，即对于每一个 CP 脉冲信号，触发器状态翻转一次，故又称翻转触发器。T'触发器广泛应用于计数电路中。T、T'触发器逻辑符号如图 5.12 (a)、(b)所示，表 5.10 为 T 触发器功能表。

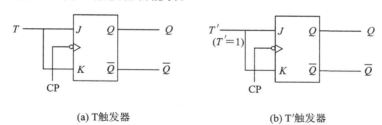

(a) T触发器　　　　　　　　　(b) T'触发器

图 5.12　JK 触发器转换为 T、T'触发器

表 5.10　T 触发器功能表

输		入		输出
$\overline{S}_D$	$\overline{R}_D$	CP	T	Q_{n+1}
0	1	×	×	1
1	0	×	×	0
1	1	↓	0	Q_n
1	1	↓	1	$\overline{Q}_n$

同样，若将 D 触发器的 $\overline{Q}$ 端与 D 端相连，便转换成 T'触发器，如图 5.13 所示；JK 触发器也可以转换为 D 触发器，如图 5.14 所示。

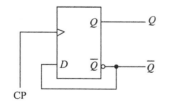

图 5.13　D 触发器转换为 T'触发器

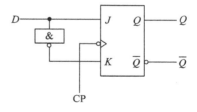

图 5.14　JK 触发器转换为 D 触发器

2. JK 触发器转换 D 触发器、T 触发器

（1）用 74LS00 和 74LS76 按图 5.14 连接电路组成 D 触发器，对照 D 触发器功能测试表，验证其电路功能。

（2）用 74LS76 按图 5.12 连接电路组成 T 触发器，在 CP 端输入 1 Hz 连续脉冲，用双踪示波器观察 CP、Q 端的变化。

八、思考题

（1）JK 触发器和 D 触发器的逻辑功能和触发方式有何不同？

（2）用 JK 触发器组成同步五进制加法计数器，试画出电路图。

九、实验报告

（1）总结异步置位端 $\overline{S}_D$ 和复位端 $\overline{R}_D$ 的作用，说明使用条件。

（2）记录各种触发器的逻辑功能，并说明触发方式。

（3）回答预习、思考问题。

5.3 计数、译码、显示电路

一、实验目的

（1）掌握二-五-十进制异步计数器 74LS290 的逻辑功能及应用。

（2）熟悉译码器 74LS248 的逻辑功能及使用方法。

（3）了解共阴极七段数码显示管的使用方法。

二、预习要求

（1）复习计数、译码、半导体数码管的工作原理。

（2）熟悉集成计数器 74LS290 的逻辑电路图及其功能。

（3）熟悉 74LS248 型译码器和共阴极半导体数码管的逻辑功能和引脚排列。

（4）复习用集成计数器构成 N 进制计数器的方法。

三、实验原理

计数、译码、显示电路是数字电路中应用得很广泛的一种电路。通常，这种电路是由中规模标准模块功能的电路计数器、译码器和显示器组成的。

1. 计数器

计数器是一个用以实现计数功能的时序部件，它不仅可用来计脉冲数，还常用作数字系统的定时、分频和执行数字运算以及其他特定的逻辑功能。

计数器的种类很多。按构成计数器中的各触发器是否使用一个时钟脉冲源来分，有同步计数器和异步计数器；根据计数制的不同，分为二进制计数器、十进制计数器和任意进制计数器；根据计数的增减趋势，又分为加法、减法和可逆计数器；还有可预置数和可编程序功能计数器等。目前，无论是 TTL 还是 CMOS 集成电路，都有品种较齐全的中规模集成计数器，使用者只要借助于器件手册提供的功能表、工作波形图以及引出端的排列，就能正确地运用这些器件。

本实验选用中规模 TTL 集成电路计数器 74LS290，它是具有两个二进制、五进制、十进制异步计数器的集成电路。当计数脉冲从 CP_0 输入、从 Q_0 输出时，它作为二进制计数器使用。当计数脉冲从 CP_1 输入、从 $Q_3 Q_2 Q_1$ 输出时，它作为五进制计数器使用。利用74LS290 实现十进制计数有两种接法：计数脉冲从 CP_0 输入，将 Q_0 与 CP_1 相连接，从 $Q_3 Q_2 Q_1 Q_0$ 输出 8421BCD 码；计数脉冲从 CP_1 输入，将 Q_3 与 CP_0 相连接，从 $Q_2 Q_1 Q_3 Q_0$ 输出 5421BCD 码。

74LS290 型计数器的外引线排列图如图 5.15 所示，功能表如表 5.11 所示。

2. 译码器

译码器的主要作用是将输入的代码通过译码器译成相应的高、低电平信号，并驱动显示器件发光、正确显示。

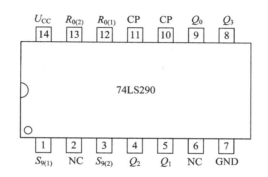

图 5.15 74LS290 型计数器外引线排列图

表 5.11 74LS290 型计数器功能表

$R_{0(1)}$	$R_{0(2)}$	$S_{9(1)}$	$S_{9(2)}$	Q_3	Q_2	Q_1	Q_0
1	1	0	×	0	0	0	0
		×	0				
×	×	1	1	1	0	0	1
×	0	×	×	计数			
0	×	0	×	计数			
0	×	×	0	计数			
×	0	0	×	计数			

74LS248 是一种具有锁存功能的四线七段译码器/驱动器,其功能是把"8421"二—十进制代码译成对应于数码管的七个字段信号,驱动数码管显示出相应的十进制数码。74LS248 的功能如表 5.12 所示;其外引线排列如图 5.16 所示,其中 A、B、C、D 为四线输入,a~g 为七段输出,电路输出为高电平有效。

表 5.12 74LS248 型七段译码器功能表

功能和十进制数	输 入							输 出							显示
	$\overline{LT}$	$\overline{RBI}$	$\overline{BI}$	D	C	B	A	$\overline{a}$	$\overline{b}$	$\overline{c}$	$\overline{d}$	$\overline{e}$	$\overline{f}$	$\overline{g}$	
试灯	0	×	1	×	×	×	×	0	0	0	0	0	0	0	8
灭灯	×	×	0	×	×	×	×	1	1	1	1	1	1	1	
灭 0	1	0	1	0	0	0	0	1	1	1	1	1	1	1	
0	1	1	1	0	0	0	0	1	1	1	1	1	1	1	0
1	1	×	1	0	0	0	1	0	1	1	0	0	0	0	1
2	1	×	1	0	0	1	0	1	1	0	1	1	0	1	2
3	1	×	1	0	0	1	1	1	1	1	1	0	0	1	3
4	1	×	1	0	1	0	0	0	1	1	0	0	1	1	4
5	1	×	1	0	1	0	1	1	0	1	1	0	1	1	5
6	1	×	1	0	1	1	0	1	0	1	1	1	1	1	6
7	1	×	1	0	1	1	1	1	1	1	0	0	0	0	7
8	1	×	1	1	0	0	0	1	1	1	1	1	1	1	8
9	1	×	1	1	0	0	1	1	1	1	1	0	1	1	9

3. 显示器

数码显示器的品种很多，有荧光数码管、辉光数码管、液晶显示器和半导体显示器。本实验选用共阴极半导体数码管 LC5011 - 1，其外引线排列图如图 5.17 所示。

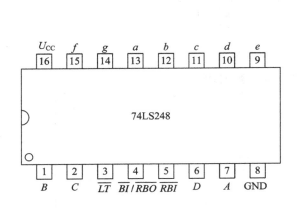

图 5.16　74LS248 型七段译码器外引线排列图　　图 5.17　LC5011 - 11 引线排列图

四、实验设备

本实验需要的实验设备、元器件如表 5.13 所示。

表 5.13　实验设备、元器件

序号	设 备 名 称	功 能 作 用	数量
1	数字电路实验模块	提供实验电源、逻辑电平、显示器、脉冲源	1
2	74LS290	二—五—十进制异步计数器	1
3	74LS248	七段译码器	1
4	LC5011 - 11	共阴极七段数码显示管	1

五、实验内容

（1）测试集成计数器 74LS290 的逻辑功能。
（2）用 74LS290 与译码显示电路构成一个十进制计数译码显示电路。

六、实验步骤

1. 测试集成计数器 74LS290 的逻辑功能

将集成计数器 74LS290 外引线 $R_{0(1)}$、$R_{0(2)}$、$S_{9(1)}$、$S_{9(2)}$ 分别接实验箱的逻辑电平开关，Q_3、Q_2、Q_1、Q_0 分别接发光二极管，按表 5.14 的要求改变 $R_{0(1)}$、$R_{0(2)}$、$S_{9(1)}$、$S_{9(2)}$ 的状态，将输出结果填入表中。

表 5.14　74LS290 功能测试

$R_{0(1)}$	$R_{0(2)}$	$S_{9(1)}$	$S_{9(2)}$	Q_3	Q_2	Q_1	Q_0
1	1	0	×				
1	1	×	0				
×	×	1	1				

2. 十进制计数译码显示电路

按图 5.18 所示接法连线，计数器 CP 接单脉冲下降沿输出触发端，并与 74LS248 型二—十进制译码器及七段半导体数码管（共阴极）连接，按下单脉冲按钮观察实验结果并填入表 5.15 中。

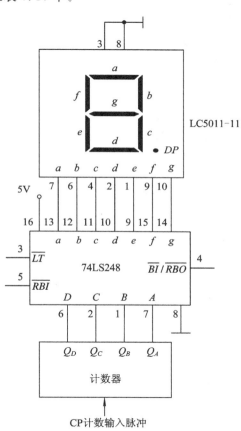

图 5.18　十进制计数译码显示电路连线图

表 5.15　十进制计数译码显示电路测试

	$\overline{LT}$	$\overline{RBI}$	$\overline{BI}$	数码管显示字形
0	1	1	1	
1	1	×	1	
2	1	×	1	
3	1	×	1	
4	1	×	1	
5	1	×	1	
6	1	×	1	
7	1	×	1	
8	1	×	1	
9	1	×	1	

七、知识扩展

1. 任意进制计数器的设计

集成计数器可以加适当反馈电路后构成任意进制计数器。假设计数器的最大计数值为 N，如果要得到一个 M 进制的计数器，当 $M<N$ 时，只要利用一个 N 进制计数器，使之跳

过 $N-M$ 个状态，只在 M 个状态中循环就可以了。通常利用清零、置位等有关的控制端来实现。当 $M > N$ 时，可以利用多片集成计数器进行级连来实现。将多片集成计数器进行级连，可以扩大计数范围。

2. 选用 74LS290 构成 2 位十进制计数器

按图 5.19 接好电路，经检查无误后，接通 +5 V 电源。将 Q_0 和 CP_1 相连，由 CP_0 输入计数脉冲，观察显示器的变化数是否与计数脉冲同步。

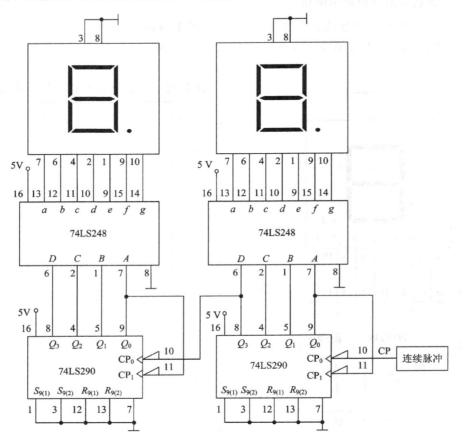

图 5.19 2 位十进制计数器

八、思考题

（1）共阳和共阴数码管内部结构有什么不同？分别由什么电平驱动？

（2）图 5.19 中，由 CP_1 输入 1 kHz 方波信号时，计数、译码、显示电路能否正常工作？

九、实验报告

（1）画出实验电路图，并按照要求将所测量结果填入表格。

（2）总结计数器 74LS290 的使用特点。

（3）回答思考题。

5.4 555 时基电路及其应用

一、实验目的

（1）掌握 555 定时器的工作原理。

（2）学会用 555 定时器构成单稳态电路、多谐振荡器。

（3）熟悉用示波器测量波形的周期、脉宽和幅值等。

二、预习要求

（1）学习 555 定时器的功能和应用。

（2）熟悉 555 定时器构成的单稳态触发器和多谐振荡器的工作原理。

（3）根据电路中电阻、电容的数值计算有关参数。

三、实验原理

555 定时器是一种数字、模拟混合型的中规模集成电路，广泛应用于电子控制、电子检测、仪器仪表、家用电器、音响报警、电子玩具等诸多方面；还可用作振荡器、脉冲发生器、延时发生器、定时器、方波发生器、单稳态触发振荡器、双稳态多谐振荡器、自由多谐振荡器、锯齿波发生器、脉宽调制器、脉位调制器等。

555 定时器有双极型和 CMOS 型两大类，二者的结构与工作原理类似。几乎所有的双极型产品型号最后的三位数码都是 555 或 556；所有的 CMOS 产品型号最后四位数码都是 7555 或 7556。二者的逻辑功能和引脚排列完全相同，易于互换。555 和 7555 是单定时器，556 和 7556 是双定时器。双极型的电源电压为 $+5 \sim +15$ V，输出的最大电流可达 200 mA；CMOS 型的电源电压为 $+3 \sim +18$ V，输出的最大电流在 4 mA 以下。

1. 555 定时器的工作原理

555 单定时器的封装有 8 脚圆形和 8 脚双列直插型两种，555 双定时器的封装只有 14 脚双列直插型一种。本实验所用的 555 时基电路芯片为 NE555。图 5.20 所示为其外引线排列图。图中各管脚的功能简述如下：

（1）$\overline{R}_D$：清零端，当 $\overline{R}_D = 0$ 时，输出端为低电平，平时 $\overline{R}_D$ 开路或接 V_{CC}。

（2）TH：阈值端，高电平触发，当 TH 端电压大于 $(2/3)V_{CC}$ 时，输出端为低电平。

（3）$\overline{TR}$：触发端，低电平触发，当 $\overline{TR}$ 端电压小于 $(1/3)V_{CC}$ 时，输出端为高电平。

（4）$DISC$：放电端，为外接 RC 回路提供放电或充电通路。

（5）OUT：输出端。

（6）U_{CO}：控制电压端，平时输出 $(2/3)V_{CC}$ 作为比较器的参考电平，当外接一个输入电

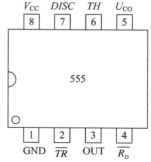

图 5.20 555 定时器外引线排列图

压时，即改变了比较器的参考电平，从而实现对输出的另一种控制；在不接外加电压时，通常接一个 $0.01~\mu F$ 的电容器接地，起滤波作用，以消除外来的干扰，确保参考电平的稳定。

表 5.16 为 555 定时器的功能表。

表 5.16　555 定时器功能表

$\overline{R}_{\mathrm{D}}$	TH	$\overline{TR}$	OUT
0	$\times$	$\times$	0
1	$>\dfrac{2}{3}V_{\mathrm{CC}}$	$>\dfrac{1}{3}V_{\mathrm{CC}}$	0
1	$<\dfrac{2}{3}V_{\mathrm{CC}}$	$<\dfrac{1}{3}V_{\mathrm{CC}}$	1
0	$<\dfrac{2}{3}V_{\mathrm{CC}}$	$>\dfrac{1}{3}V_{\mathrm{CC}}$	保持

2. 555 定时器的应用

555 定时器有单稳态、双稳态和无稳态三种基本工作方式，用这三种方式中的一种或多种组合可以组成各种实用的电子电路。

1）构成单稳态触发器

图 5.21(a)为由 555 定时器和外接定时元件 R、C 构成的单稳态触发器。触发电路由 C_1、R_1、VD 构成，其中 VD 为钳位二极管，稳态时 555 电路输入端等于电源电平，输出端输出低电平。当有一个外部负脉冲触发信号经 C_1 加到 2 端，并使 2 端电位瞬时低于 $(1/3)V_{\mathrm{CC}}$ 时，输出端电平由低电平跳变到高电平，单稳态电路即开始一个暂态过程，电容 C 开始充电，V_{C} 按指数规律增长；当 V_{C} 充电到 $(2/3)V_{\mathrm{CC}}$ 时，输出端电平由高电平翻转为低电平，电容 C 上的电荷很快经放电开关管放电，暂态结束，恢复稳态，为下个触发脉冲的来到做好准备。单稳态触发工作波形图如图 5.21(b)所示。

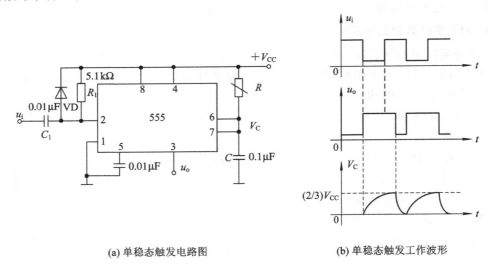

(a) 单稳态触发电路图　　　　　　(b) 单稳态触发工作波形

图 5.21　555 定时器构成单稳态触发器

暂稳态的持续时间 t_{w}（即为延时时间）取决于外接元件 R、C 值的大小：

$$t_{\text{w}} = RC \ln 3 \approx 1.1RC$$

通过改变 R、C 的大小，可使延时在几个微秒到几十分钟之间变化。当这种单稳态电路作为计时器时，可直接驱动小型继电器，并可以使用复位端（4 脚）接地的方法来中止暂态，重新计时。此外尚需用一个续流二极管与继电器线圈并接，以防继电器线圈反电势损坏内部功率管。

2）构成多谐振荡器

图 5.22(a)为由 555 定时器和外接元件 R_1、R_2、C 构成的多谐振荡器，脚 2 与脚 6 直接相连。电路没有稳态，仅存在两个暂稳态，电路亦不需要外加触发信号。利用电源通过 R_1、R_2 向 C 充电，以及 C 通过 R_2 向放电端 C_t 放电，使电路产生振荡。电容 C 在 $(1/3)V_{\text{CC}}$ 和 $(2/3)V_{\text{CC}}$ 之间充电和放电，其波形如图 5.22(b)所示。输出信号的时间参数为

$$T = t_{\text{w1}} + t_{\text{w2}}, \quad t_{\text{w1}} = 0.7(R_1 + R_2)C, \quad t_{\text{w2}} = 0.7R_2C$$

555 电路要求 R_1 与 R_2 均应大于或等于 1 kΩ，但 $R_1 + R_2$ 应小于或等于 3.3 MΩ。

外部元件的稳定性决定了多谐振荡器的稳定性。555 定时器配以少量的元件即可获得较高精度的振荡频率和具有较强的功率输出能力，因此这种形式的多谐振荡器应用很广。

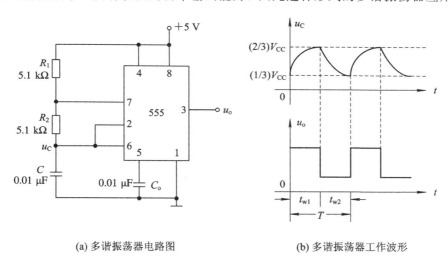

(a) 多谐振荡器电路图   (b) 多谐振荡器工作波形

图 5.22 555 定时器构成的多谐振荡器

四、实验设备

本实验需要的实验设备、元器件如表 5.15 所示。

表 5.15 实验设备、元器件

序号	设 备 名 称	功 能 作 用	数量
1	数字电路实验模块	提供实验电源、逻辑电平、显示器、脉冲源	1
2	电容	0.01 μF(103)	2
		0.1 μF(104)	1
4	电位器	10 kΩ	1
5	二极管	1N4007	1

五、实验内容

（1）用 555 定时器设计一个输出脉冲宽度为 0.8 ms 的单稳态触发器。

（2）用 555 定时器设计一个振荡频率 $f=1$ kHz 的多谐振荡器。

六、实验步骤

1. 单稳态触发器

（1）用 555 定时器设计一个单稳态触发器，要求输出脉冲宽度为 0.8 ms，给定输入信号频率为 1 kHz，电容 $C=0.1$ μF，确定电阻 R 的值。

（2）按图 5.21(a) 连线，并按照设计参数对电阻 R 取值，函数信号发生器提供一个频率为 1 kHz、u_{pp} 为 5 V 的方波作为输入信号，用双踪示波器观测 u_i、u_C、u_o 波形，测量幅度与暂稳时间填入表 5.18，并与理论值相比较。

表 5.18　单稳态触发器

T	计算值＝	测量值＝
t_w	计算值＝	测量值＝
u_{CPP}	测量值＝	
u_{oPP}	测量值＝	

2. 多谐振荡器

（1）用 555 定时器设计一个多谐振荡器，要求振荡频率 $f=1$ kHz，给定电容 $C=0.1$ μF，确定电阻 R_1、R_2 的值。

（2）按图 5.22(a) 连线，并按照设计参数对电阻 R_1、R_2 取值，用双踪示波器观测 u_C 和 u_o 的波形，测量幅度与暂稳时间填入表 5.19，并与理论值相比较。

表 5.19　多 谐 振 荡 器

t_{w1}	计算值＝	测量值＝
t_{w2}	计算值＝	测量值＝
T	计算值＝	测量值＝
u_{CPP}	测量值＝	
u_{oPP}	测量值＝	

七、知识扩展

1. 组成占空比可调的多谐振荡器

电路如图 5.23 所示，它比图 5.21 所示电路多了一个电位器和两个导引二极管。VD_1、

VD_2用来决定电容充、放电电流流经电阻的途径(充电时 VD_1 导通，VD_2 截止；放电时 VD_2 导通，VD_1 截止)。

占空比：
$$P = \frac{t_{w1}}{t_{w1}+t_{w2}} \approx \frac{0.7R_A C}{0.7C(R_A+R_B)} = \frac{R_A}{R_A+R_B}$$

可见，若取 $R_A = R_B$，则电路可输出占空比为 50% 的方波信号。

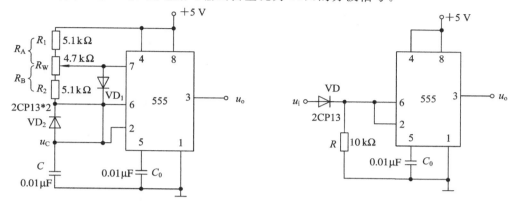

图 5.23　占空比可调的多谐振荡器　　　　图 5.24　施密特触发器

2. 组成施密特触发器

电路如图 5.24 所示，只要将脚 2、6 连在一起作为信号输入端，即得到施密特触发器。图 5.25 给出了 u_s、u_i 和 u_o 的波形图。

设被整型变换的电压为正弦波 U_s，其正半波通过二极管 VD 同时加到 555 定时器的 2 脚和 6 脚，得 u_i 为半波整流波形。当 u_i 上升到 $(2/3)V_{CC}$ 时，u_o 从高电平翻转为低电平；当 u_i 下降到 $(1/3)V_{CC}$ 时，u_o 又从低电平翻转为高电平。电路的电压传输特性曲线如图 5.26 所示。

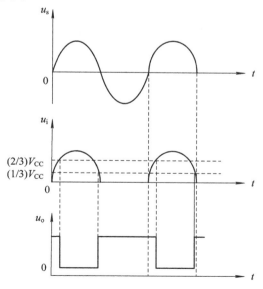

图 5.25　施密特触发器波形图

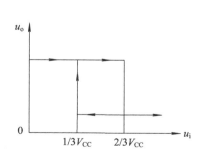

图 5.26　电压传输特性曲线

回差电压为

$$\Delta u = \frac{2}{3} V_{CC} - \frac{1}{3} V_{CC} = \frac{1}{3} V_{CC}$$

3. 模拟声响电路

按图 5.27 接线，检查无误后，可接通电源。调节 R_{P1}、R_{P2} 的大小，可获得不同的声响。电路中 R_{p1}、R_{p2}、C_1、C_2 组成了一个音频振荡器（第 7 脚不用，这与一般用 555 构成的多谐振荡器不同）。C_3 和扬声器（呈感性）组成一个谐振回路。它们通过 555 的内部电路相互作用后使小灯泡上端的电位发生低频的变化，这一变化通过 C_3 对 5 脚进行调制，从而使 3 脚输出一个变调的音频信号。

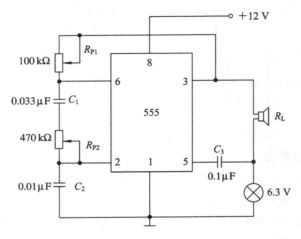

图 5.27　模拟声响电路

八、思考题

（1）单稳态触发器要求触发脉冲宽度小于输出脉冲，为什么？

（2）利用多谐振荡器产生每秒 1 Hz 的振荡频率时，该如何选择元件参数？

九、实验报告

（1）按设计要求计算相关参数。

（2）画出各测试点的波形，分析、总结实验结果。

（3）回答思考题。

第6章　电工电子综合设计实验

电工电子综合设计性实验是学员完成基本实验后，用于提高综合技能的实验项目。这部分实验所涉及的内容较多，它包括电子元器件的选用、电子测量仪器设备的使用、电子测量方法、电子实验技术、电子电路设计等。通过电工电子综合设计性实验不仅能使学员学到电路设计的基本理论知识，同时也使实验技能得到综合训练，加深对理论知识的理解。由于电工电子技术实验课学时有限，因此这部分实验为选做实验。

6.1　综合设计性实验概述

一、综合设计性实验的要求

1. 设计性实验

设计性实验需要完成设计报告和实验分析，内容如下：

1）设计报告要求

（1）设计说明。

① 设计方案（包括实际工程的意义、方案说明和工艺过程简图等）。

② 设计电路（包括主、控系统电路图；图中的文字符号、图形符号；电路的原理说明等）。

③ 选用设备（包括设备型号、主要参数；设备、器材清单等）。

（2）实验方案。

① 实验内容。

② 实验线路。

③ 实验步骤。

2）实验分析要求

实验结束后，在设计报告后面要将实验中记录的实验数据和现象加以分析、总结，完成实验分析。

3）设计性实验的评分标准

（1）设计报告（占 20%）。

（2）实验方案（占 15%）。

（3）实验操作（占 50%）。

（4）实验分析（占 15%）。

4）实验有关事项

（1）通过图书馆和网络查阅资料。

（2）实验附录收集了一些资料，可以参考。

（3）有困难的同学，可得到教师的帮助，但需要主动与教师联系。

（4）平时实验时要注意了解实验室设备。

2．综合性实验

1）实验方案的研究

综合性实验内容丰富、知识点多、实验难度较大，因此对实验内容和方案要进行研究，不懂的内容要通过查阅资料来学习。实验方案大致包括以下内容：

（1）实验内容。

（2）实验线路。

（3）实验步骤。

2）实验报告要求

要将实验中记录的实验数据和现象加以分析、总结，与实验体会一并写在实验分析中，并按以下内容填写实验报告。

（1）实验目的。

（2）实验设备。

（3）实验内容。

（4）实验线路。

（5）实验分析。

二、综合设计性实验的步骤

电工电子技术综合设计实验程序如图 6.1 所示。

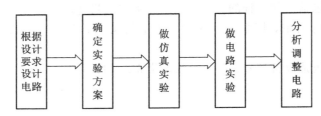

图 6.1　综合设计性实验程序

这里提出的是综合设计实验的一般规律，具体实验将会有不同的选取。电子综合设计实验程序的步骤如下所述。

1．设计电路

电路设计的关键在于确定系统的整体结构和实现各功能模块的电路形式。根据电路的各项技术指标要求，确定电路模式。

2．制定实验方案

实验方案通常是通过实验来观察电路的某种现象和规律、检验某种理论观点、证实某种结论。为了能够顺利地完成实验任务，实验者必须根据设计任务的要求和实验室的设备条件来制定可行的实验方案。

在制定方案时，应考虑由哪些功能模块来实现哪一个要求和指标，并给出各模块的输入、输出波形。

如果不是以研究实验方法为目的的实验，往往可以用若干个现成的、典型的方法或设备进行一定的组合来完成实验。这类现成的、典型的实验方法比较成熟、可操作性强，并且这种把实验任务分解为若干个独立实验任务的方法方便可行，例如，测电压、电流、电阻、频率和波形等。

实验方案的制定，并不是唯一的。实验方案受许多因素影响，因此可能有多种可行的方案。有时进行一个实验也可以采用多个方案，以检验各实验方案的实验结果是否存在系统误差。

3. 做仿真实验

电路设计完成后，要进行仿真实验。通过对电路进行仿真实验，可以及时发现设计中不合理的地方，并加以改正。这样既节省了调试时间，又避免了可能造成的经济损失。

4. 做实际电路实验

仿真实验完成后，就可以搭接和测试实验电路了。做电路实验时要注意安全用电、连线原则等问题，还要遵循逐级搭、逐级测的实验步骤。

5. 分析、调整电路

整个设计的最后工作是分析、调整电路，从而验证设计的成功与否。当出现问题时，应对电路进行调整和完善。

三、综合设计性实验的方法

一个电路实验，从相关知识的预习开始，经过连接电路、观察、测试到数据处理，直至写出完整的实验报告为止，要经历实验计划、实验准备、测试与观察、结果整理这四个阶段。每个阶段都有很多工作，在一个完整的实验过程中，各个阶段完成的好坏均会影响实验的质量。

实验的各个阶段并不是截然分开的，考虑的(进行的)顺序往往是互相交错的。例如，制定方案时可能要考虑设备，而设备又是根据方案而定的；实验步骤也是根据方案而定的，改变实验的步骤也可能会改变实验的方案；实验结果的数据处理是根据前阶段的结果进行的，采用不同的数据处理方法，可能要求不同的实验方案、步骤等。因此这是一个多次反复的过程。

尽管如此，实验还应按实验设计、实验准备、测试与观察、结果整理这四个阶段来进行，每个阶段的具体工作如下所述。

1. 实验的设计阶段

实验设计包括以下内容。

1）实验标题

实验报告是一个设计和实施共存的技术性文件，其标题应该反映实验的目的和任务。实验操作中，某些环节要进行多次实验测试，对于这些大同小异的实验要在标题上加以区分，以便以后查阅。

2）实验目的

实验目的起到画龙点睛的作用。它用简短的语句使实验的意义一目了然，但根据实验内容的不同，实验目的的侧重点也不同，在实验报告中应加以说明。

3）设备清单

根据实验的需要列出设备的名称、规格、型号、编号以及在接线图中的代号，作为准备仪器设备的依据。

4）实验线路

电路实验的整个系统是由通用的仪器、仪表和某些实验对象构成的，需画出整个系统的接线图。必须注意实验的接线图与电路理论中电路图的不同之处。

5）实验原理

除了一些简单的或常规的定性测试外，一般均要说明实验原理，特别是当应用了非常规的原理时更要阐述清楚，对原理的叙述要求简明扼要。

6）实验内容

实验内容包括实验步骤、观察内容、待测数据、表格、注意事项、实验中要取哪些数据、电路参数变量取多少、用何种测量仪表、量程取多少、取多少数据、数据如何分布、实验是否要重复进行以及重复的次数等。这些在实验设计中均应予以确定。预习时必须拟写好所有记录数据和有关内容的表格。凡是要求理论计算的内容必须完成，并填入相关表格。

7）故障对策

对可能出现的故障及其后果应采取预防措施。实验设计是一项细致的工作，经验证明，实验设计是否详细周全，在很大程度上能反映设计者的实验水平。

2．实验的准备阶段

本阶段要具体完成实验实施方案中的各项任务，包括配置设备、检查设备、安装系统和调试系统等内容。然后按实验线路图进行安装接线，整个实验系统的各仪器仪表放置和布线均要合理、清晰并便于操作。接线完毕应清理不必要的导线和设备，并将仪器设备调整到备用状态。

3．实验的测试与观察阶段

这个阶段要按实验计划进行实验操作、观察现象、读取实验数据、画出实验曲线、完成测试任务。在测试中，应尽可能及时地对数据做初步的分析，以便及时地发现问题。如果实验是为求某种相关关系，例如，变量与时间、变量与变量、变量与参数等的关系，则在测试时应采用合理的顺序进行测试，使变化趋势清晰，同时还应及时地画出这种关系曲线，以便提供某种启示，从而可使实验者当即决定在哪些范围内增、减观测数据。这点对复杂实验尤为重要。

4．实验的分析整理阶段

这是实验的最后阶段，它对整个实验起到了非常重要的作用。同样的数据经较好的处理和分析后可以获得更准确的结果。

这个阶段的工作依据是实验记录，包括数据、波形和观察的现象及其他。对这些数据和现象首先进行一定的处理工作，确定数据的准确程度和取值范围，即做误差分析，在这个基础上再进行分析、抽象，由表及里地找出事物的内在联系和规律。

实验现象和数据是实验的宝贵成果。在整理数据时，应充分发挥曲线和表格的作用，将数据按一定规律进行整理形成表格曲线，特别是曲线，可以使人明确概念，迅速地发现规律及一些异常的数据，有助于分析研究。

应当指出，实验的分析阶段就是整理分析结果，写出一份报告。

实验报告是一份工作报告，它要求对实验的任务、原理、方法、设备、过程和分析等主要方面都要有明确的叙述，叙述条理要清楚，其中的公式、图、表、曲线应有符号、编号、标题、名称等相关说明，使人阅读后对其总体和各主要细节均能了解，并且不会产生误解。

6.2　RC 滤波电路的设计

一、设计目的

(1) 学习用电容电阻元件和集成运放构成有源滤波电路。

(2) 学习测量有源滤波器的幅频特性。

二、设计任务

设计一个多功能有源滤波电路，具体技术指标要求如下：

(1) 高通、低通滤波器的截止频率为 10 kHz，通带增益为 1，品质因素为 2/3。

(2) 带通滤波器的中心频率为 10 kHz，通带增益为 1，品质因素为 1.5。

(3) 设计电路所需电源电路。

三、设计要求

(1) 设计任务中的第一项内容，有条件也可选第二项来设计。

(2) 自行设计电路，并在设计说明书中论述设计方法和过程。

(3) 将设计电路在计算机上进行仿真验证，仿真成功后再进行实际电路的连接和调试。

四、设计条件

1. 实验室常备仪器仪表

实验室常备仪器仪表如表 6.1 所示。

表 6.1　实验室常备仪器仪表

名　称	数量（台）
电工电子实验台	1
函数信号发生器	1
示波器	1
数字三用表	1

2. 实验室常备原件

实验室常备元件如表 6.2 所示。

表 6.2 实验室常备元件

型　　号	名称及作用	数　　量
TL084	四运放集成块	1
电位器	10 k 线绕电位器	若干
电阻	色环电阻	若干
电容	瓷介电容	若干

五、设计报告要求

1. 设计方案

给出电路设计的原理和原理方框图，并进行方案说明。

2. 设计电路

给出电路原理图和实验连线图，并说明电路原理。

3. 选用器材

列出元件清单。

4. 实验方案

（1）实验设备；

（2）实验步骤；

（3）绘制测试表格；

（4）总结。

六、参考电路

多功能有源滤波器的参考电路框图如图 6.2 所示，参考原理电路如图 6.3 所示。电路的高通和低通截止频率为

$$f_0 = \frac{1}{2R_{\mathrm{f}}C_{\mathrm{f}}}$$

品质因数为 $Q = \dfrac{1+\dfrac{R_4}{R_{\mathrm{Q}}}}{2} + \dfrac{R_2}{R_{\mathrm{G}}}$（输入信号从反相输入端输入）。

带通中心频率为 $f_0 = \dfrac{1}{2R_{\mathrm{f}}C_{\mathrm{f}}}$，品质因数为 $Q = 1 + \dfrac{R_2}{R_{\mathrm{G}}} + \dfrac{R_4}{R_{\mathrm{Q}}}$（输入信号从同相输入端输入）。

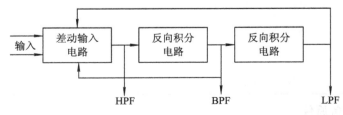

图 6.2 多功能有源滤波器参考方框图

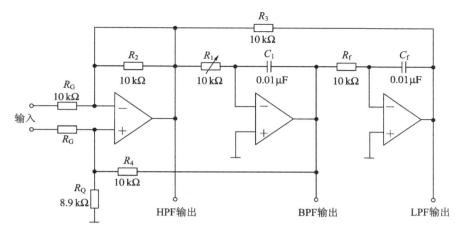

图 6.3　多功能有源滤波器原理图

6.3　语音功放电路的设计

一、设计目的

(1) 学习语音功放电路的设计，掌握集成功放的工作原理和功放电路的设计过程。

(2) 学习一般电子电路的设计过程和调试方法。

(3) 掌握语音信号的有关知识。

二、设计任务

1. 设计语音功放电路

用运放集成块 LM324、LM386、喇叭、电位器、电容、电阻等元件设计语音功放电路，并要求：

(1) 话筒放大器：输入信号 $u_i \leqslant 10$ mV，输入阻抗 $R_i \geqslant 100$ kΩ，共模抑制比 $K_{CMR} \geqslant 60$ dB。

(2) 语音滤波器(带通滤波器)：带通频率范围 300 Hz~3 kHz。

(3) 功率放大器：额定输出功率 $P_{om} \leqslant 1$ W，负载阻抗 $R_L = 16$ Ω，电源电压 10 V，频率响应 40 Hz~10 kHz。

2. 设计电源电路

用变压器、集成稳压块、电位器、电容、电阻等元件设计功放电源电路，并要求：

(1) 输出 10 V 直流稳压电源。

(2) 输出纹波电压小于 5 mV。

(3) 输出电流大于 100 mA。

三、设计要求

(1) 设计任务中的第一项内容，有条件可将第二项一起设计。

(2) 自行设计电路，并在设计说明书中论述设计方法和过程。

（3）将设计电路在计算机上进行仿真验证，仿真成功后再进行实际电路的连接和调试。

四、设计条件

1. 实验室常备仪器仪表

实验室常备仪器仪表如表 6.3 所示。

表 6.3　实验室常备仪器仪表

名　　称	数量（台）
电工电子实验台	1
函数信号发生器	1
示波器	1
数字三用表	1

2. 实验室常备原件

实验室常备元件如表 6.4 所示。

表 6.4　实验室常备元件

型　　号	名称及作用	数　　量
LM324	运放集成块	1 片
LM386	集成功放	1 片
CW317	集成稳压管	1 个
1 W，16 Ω	电阻，假负载	1 个
16 Ω 喇叭	—	1 个
47 kΩ 精密电位器	—	1 个
小功率电阻电容	—	若干

五、设计报告要求

1. 设计方案

给出电路设计的原理和原理方框图，并进行方案说明。

2. 设计电路

给出电路原理图和实验连线图，并说明电路原理。

3. 选用器材

列出元件清单。

4. 实验方案

（1）实验设备；

（2）实验步骤；

（3）绘制测试表格；

（4）总结。

六、参考电路

1. 设计思路

首先根据设计要求确定整个语音放大电路的级数，再根据各单元电路的功能及技术指标分配各级的电压增益，最后确定各级电路的元件参数。语音信号放大器电路方框图如图 6.4 所示。由于话筒输出的信号一般为 5 mV 左右，因此根据设计要求，当语音放大器的输入信号为 5 mV、输出功率为 1 W 时，系统的总电压放大倍数 $A_u=566$，考虑到电路损耗的情况，取 $A_u=600$。所以系统各级电压放大倍数可分配为话筒放大器 7.5 倍，语音滤波器 2.5 倍，功率放大器 32 倍。

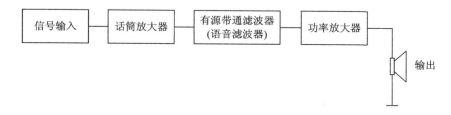

图 6.4 语音信号放大器方框图

2. 设计说明与提示

1) 话筒放大器

由于话筒输出信号一般只有 5 mV 左右，而共模噪声可能高达几伏，故放大器的输入漂移和噪声因数以及放大器本身的共模抑制比都是在设计中要考虑的重要因素。话筒放大电路应该是一个高输入阻抗、高共模抑制比、低漂移且能与高阻话筒配接的小信号前置放大器电路。由于受到运放增益带宽的限制，该级增益不宜太大，一般取 $A=7.5$。话筒放大器的电路原理如图 6.5 所示，其中，R 为均压电阻，C_2 为耦合电容，A_1 组成的同相放大器具有很高的输入阻抗，其放大倍数 A_{u1} 为

$$A_{u1} = 1 + \frac{R_2}{R_1}$$

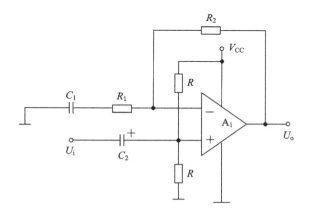

图 6.5 话筒放大器电路

2）语音滤波器

声音是通过空气传播的一种连续的波。一般把频率低于 20 Hz 的声波称为次声波，频率高于 20 kHz 的声波称为超声波，这两类声音人耳是听不到的。人耳可以听到的声音频率在 20 Hz～20 kHz 之间，称为音频信号。人的发音器官可以发出的声音频率在 80 Hz～3.4 kHz 之间，但说话的信号频率通常在 300 Hz～3 kHz 之间，我们把这种频率范围的信号称为语音信号。

语音滤波器实际上是二阶有源带通滤波器。根据语音信号的特点，所设计的带通滤波器的频率范围应在 300 Hz～3 kHz 之间，这个频率范围就是语音滤波电路的带宽 BW。将低通滤波器电路和高通滤波器电路串联起来就构成了带通滤波器，条件是低通滤波器的上限截止频率 f_H 要大于高通滤波器的下限截止频率 f_L，两者覆盖的带通可形成带通响应。滤波器的最大输出电压峰值出现在中心频率 f_0 的频率点上。带通滤波器的带宽越窄，选择性越好，也就是电路的品质因数 Q 越高，电路的 Q 值可用如下公式求出：

$$Q = \frac{f_0}{BW}$$

由公式可知，高 Q 值的滤波器带宽较窄，但输出电压较大；低 Q 值的滤波器有较宽的带宽，但输出电压较小。

可参考的带通滤波器电路如图 6.6 所示，用该方法构成的带通滤波器的通带较宽，通带截止频率易于调整，因此多用于测量信号噪声比（S/N）的音频带通滤波器电路中，它能抑制低于 300 Hz 和高于 3000 Hz 的信号。

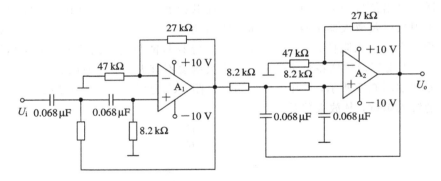

图 6.6　带通滤波器电路原理图

3）功率放大电路

功率放大电路的作用是将前级电路送来的微弱电信号进行放大，从而推动扬声器完成电（信号）–声（信号）的转换过程。它要求功率放大电路的输出功率应尽可能大，转换效率应尽可能高，非线性失真应尽可能小。功率放大电路的电路形式很多，图 6.7 中采用电路简单、工作稳定的集成功率放大器 LM386，它的电源电压范围在 4～12 V 之间，最高可到 15 V；消耗静态电流为 4 mA；典型输入阻抗为 50 kΩ。若在 LM386 的 1 脚、8 脚之间接一较大电容，电路的增益可达 200 倍；若将 1 脚、8 脚开路，则放大器的负反馈最强，电路的增益为 20 倍。因此，在 1 脚、8 脚之间接电位器和电容，调节电位器，可以使集成功放的电压增益在 20～200 之间任意调整。电路中的输入信号经电容接入同相输入端 3 脚，反相输入端 2 脚接地，故构成单端输入方式。由于采用单电源工作，因此须将输出端（5 脚）通过大容量电容 220 μF 输出以构成 OTL 电路。10 Ω 电阻和 0.047 μF 电容构成扬声器补偿网络，可吸收扬声器的反电动势，用以抵消扬声器线圈电感在高频时产生的不良影响，从而改变功率放大电路的高频特性和防止高频自激。4 脚为接地端，6 脚以及所接的电容为正电源端和电源滤波电容，滤波电容可降低电源高频阻抗，防止电路高频自激，其目的是使 LM386 工作稳定。7 脚接旁路电容，大容量电容 220 μF 还可以隔直耦合输出。

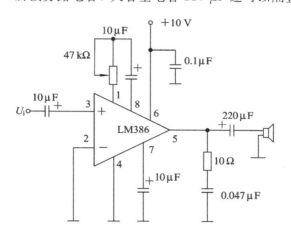

图 6.7 功率放大电路

4）语音放大器总体电路

语音放大器总体电路如图 6.8 所示。

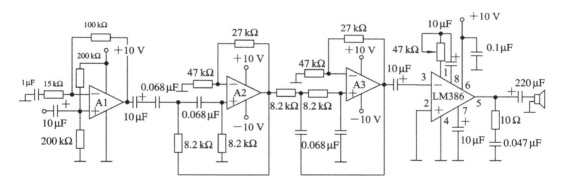

图 6.8 语音放大器总体电路

6.4 波形发生电路的设计

一、设计目的

（1）学习用集成运放构成方波和三角波发生器。

（2）学习波形发生器的调整和主要性能指标的测试方法。

二、设计任务

1. 设计方波发生器

用集成运放 LM324、稳压管、电位器、电容、电阻等元件设计方波发生器，并要求：

（1）输出线性较好的方波。

（2）输出方波频率在一定范围内可调。

2. 设计三角波和方波发生器

用集成运放 LM324、稳压管、电位器、电容、电阻等元件设计三角波和方波发生器，并要求：

（1）输出线性较好的方波。

（2）输出线性较好的三角波。

（3）输出方波、三角波频率在一定范围内可调。

（4）输出三角波幅值在一定范围内可调。

三、设计要求

（1）设计任务中的两项内容，可任选一项来设计。

（2）自行设计电路，并在设计说明书中论述设计方法和过程。

（3）将设计电路在计算机上进行仿真验证，仿真成功后再进行实际电路的连接和调试。

四、设计条件

1. 实验室常备仪器仪表

实验室常备仪器仪表如表 6.5 所示。

表 6.5　实验室常备仪器仪表

名　　称	数量（台）
电工电子实验台	1
函数信号发生器	1
示波器	1
数字三用表	1

2. 实验室常备原件

实验室常备元件如表 6.6 所示。

表 6.6　实验室常备元件

型　　号	名称及作用	数　　量
LM324	四运放集成块	1
电位器	10k 线绕电位器	1
2CW231	稳压管	1
电阻	色环电阻	若干
电容	瓷介电容	若干

五、设计报告要求

1. 设计方案

给出电路设计的原理和原理方框图，并进行方案说明。

2. 设计电路

给出电路原理图和实验连线图，并说明电路原理。

3. 选用器材

列出元件清单。

4. 实验方案

（1）实验设备；
（2）实验步骤；
（3）绘制测试表格；
（4）总结。

六、参考电路

1. 方波发生器

由集成运放构成的方波发生器和三角波发生器，一般均包括比较器和 RC 积分器两大部分。图 6.9 所示为由滞回比较器及简单 RC 积分电路组成的方波-三角波发生器。它的特点是线路简单，但三角波的线性度较差，主要用于产生方波，或对三角波要求不高的场合。

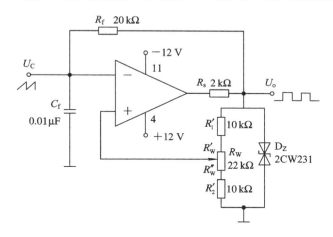

图 6.9　方波发生器

电路振荡频率为

$$f_0 = \frac{1}{2R_f C_f Ln\left(1 + \dfrac{2R_2}{R_1}\right)}$$

式中，$R_1 = R_1' + R_w''$，$R_2 = R_2' + R_w''$。

方波输出幅值为

$$U_{om} = \pm U_z$$

三角波输出幅值为

$$U_{om} = \frac{R_2}{R_1 + R_2} U_z$$

调节电位器 R_w（即改变 R_2/R_1），可以改变振荡频率，但三角波的幅值也随之变化。如要互不影响，则可通过改变 R_f（或 C_f）来实现振荡频率的调节。

2. 三角波和方波发生器

如把滞回比较器和积分器首尾相接形成正反馈闭环系统，如图 6.10 所示，则比较器 A_1 输出的方波经积分器 A_2 积分可得到三角波，三角波又触发比较器自动翻转形成方波，这样即可构成三角波、方波发生器。图 6.11 为方波、三角波发生器输出波形图。由于是采用运放组成的积分电路，因此可实现恒流充电，使三角波线性大大改善。

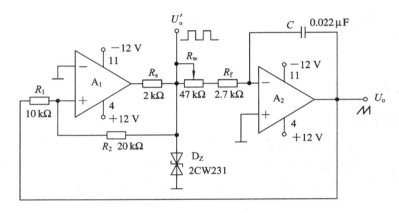

图 6.10　三角波、方波发生器

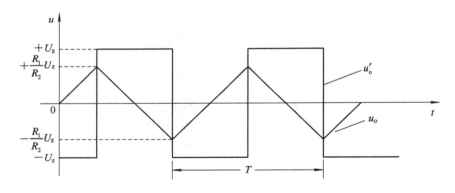

图 6.11　方波、三角波发生器输出波形图

电路振荡频率为

$$f_0 = \frac{R_2}{4R_1(R_f + R_w)C_f}$$

方波幅值为

$$U'_{om} = \pm U_z$$

三角波幅值为

$$U_{om} = \frac{R_1}{R_2} U_z$$

调节 R_W 可以改变振荡频率, 改变比值 R_1/R_2 可调节三角波的幅值。

6.5 直流稳压电源的设计

一、设计目的

（1）研究集成稳压器的特点和性能指标测试方法。

（2）研究单相桥式整流、电容滤波电路的特性。

（3）了解集成稳压器扩展性能的方法。

二、设计任务

1. 设计固定输出电压的稳压电源

用集成稳压电路 W7800 系列构成串联稳压电源, 并要求:

（1）输出 +15 V 直流稳压电源。

（2）输出 $I_{omax} = 80$ mA, $\Delta V_{op\text{-}p} \leqslant 5$ mV, $S_V \leqslant 3 \times 10^{-3}$。

2. 设计输出电压可调的稳压电源

用三端集成稳压器 CW317 构成输出电压可调的串联稳压电源, 并要求:

（1）输出电压 $V_o = 3 \sim 9$ V。

（2）输出 $I_{omax} = 80$ mA, $\Delta V_{op\text{-}p} \leqslant 5$ mV, $S_V \leqslant 3 \times 10^{-3}$。

三、设计要求

（1）设计任务中的两项内容, 可任选一项来设计。

（2）自行设计电路, 并在设计说明书中论述设计方法和过程。

（3）将设计电路在计算机上进行仿真验证, 仿真成功后再进行实际电路的连接和调试。

四、设计条件

1. 实验室常备仪器仪表

实验室常备仪器仪表如表 6.7 所示。

表 6.7　实验室常备仪器仪表

名　　称	数量（台）
电工电子实验台	1
函数信号发生器	1
示波器	1
数字三用表	1

2. 实验室常备原件

实验室常备元件如表 6.8 所示。

表 6.8　实验室常备元件

型　　号	名称及作用	数　　量
变压器	6 V、10 V、14 V、17 V 输出	1 个
W7812	三端集成稳压器	1 个
电位器	10 k 线绕电位器	1 个
CW317	三端集成稳压器	1 个
2W06	桥堆	1 个
470 μF/25 V	电解电容	1 个
100 μF/25 V	电解电容	1 个
120 Ω/8 W	大功率电阻	1 个
—	瓷介电容	若干

五、设计报告要求

1. 设计方案

给出电路设计的原理和原理方框图,并进行方案说明。

2. 设计电路

给出电路原理图和实验连线图,并说明电路原理。

3. 选用器材

列出元件清单。

4. 实验方案

(1) 实验设备;

(2) 实验步骤;

(3) 绘制测试表格;

(4) 总结。

六、参考电路

电路可参考第 4 章第 4.4 节内容。

6.6　彩灯循环显示控制器

一、设计目的

(1) 学习数字电路中触发器、移位寄存器、集成计数器等单元电路的综合运用。

(2) 了解彩灯循环显示控制电路的工作原理。

二、设计任务

1. 设计 4 路输出循环彩灯电路

用集成块 74LS194、74LS193 设计 4 路输出循环彩灯电路，设 4 路彩灯记为 L_3、L_2、L_1、L_0，并要求花形如下：

(1) 花形 1：彩灯 $L_3 \sim L_0$，依次按 L_3，$L_3 L_2$，$L_3 L_2 L_1$，$L_3 L_2 L_1 L_0$ 点亮。

(2) 花形 2：彩灯 $L_3 \sim L_0$，依次按 L_0，$L_1 L_0$，$L_2 L_1 L_0$，$L_3 L_2 L_1 L_0$ 熄灭。

(3) 花形 3：彩灯 $L_3 \sim L_0$，全亮再全灭。

(4) 花形 1、花形 2、花形 3 依次循环显示。

2. 设计 8 路输出循环彩灯电路

用集成块 74LS194、74LS193 设计 8 路输出循环彩灯电路，并要求花形如下：

(1) 花形 1：由中间往外对称依次点亮，全部点亮后，再由中间往外依次熄灭。

(2) 花形 2：前 4 路彩灯与后 4 路彩灯分别从左到右顺次点亮，再顺次熄灭。

(3) 两种花形交替循环显示。

三、设计要求

(1) 设计任务中的两项内容，可任选一项来设计。

(2) 自行设计电路，并在设计说明书中论述设计方法和过程，在计算机上进行仿真验证。

四、设计条件

1. 实验室常备仪器仪表

实验室常备仪器仪表如表 6.9 所示。

表 6.9　实验室常备仪器仪表

名　　称	数量（台）
电工电子实验台	1
函数信号发生器	1
示波器	1
数字三用表	1

2. 实验室常备原件

实验室常备元件如表 6.10 所示。

表 6.10　实验室常备元件

型　　号	名称及作用	数　　量
74LS194	4 位双向移位寄存器（并行存取）	2
74LS74	双上升沿 D 触发器	1
74LS04	六反相器	1
74LS193	4 位二进制同步加/减计数器（双时钟）	1
74LS90	十进制异步计数器	1

五、设计报告要求

1. 设计方案

给出电路设计的原理和原理方框图，并进行方案说明。

2. 设计电路

给出电路原理图和实验连线图，并说明电路原理。

3. 选用器材

列出元件清单。

4. 实验方案

（1）实验设备；

（2）实验步骤；

（3）绘制测试表格；

（4）总结。

六、参考电路

1. 4 路输出循环彩灯电路

本电路由分频单元电路、控制信号产生单元电路、编码单元电路等组成，电路结构框图如图 6.12 所示。

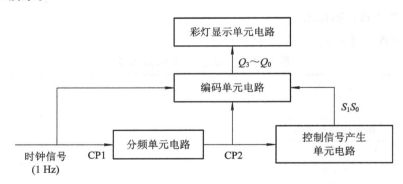

图 6.12 电路结构图

其中，彩灯显示单元电路、时钟信号由实验箱提供，分频电路、节拍控制单元电路和编码单元电路则需自己连线。

1）编码单元电路

彩灯循环显示的花形状态由编码单元电路的输出状态决定。该单元电路由一片 4 位移位寄存器 74LS194 实现，形成 4 路彩灯。由于 74LS194 控制方便灵活，彩灯花形设计也就比较灵活。编码单元电路如图 6.13 所示。

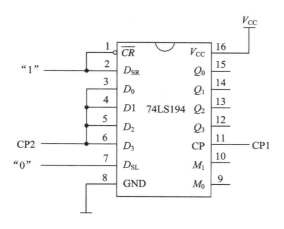

图 6.13　编码单元电路原理图

2）分频单元电路

分频单元电路实现时钟信号四分频，它可以由两个 T' 触发器进行两次 2 分频组成，而 T' 触发器则可以由 D 触发器构成，其电路原理图请同学们思考。

3）控制信号产生单元电路

电路在实现花形 1 时，74LS194 为右移状态，在左边移入"1"，此时，$S_1 = 0$，$S_0 = 1$。电路在实现花形 2 时，74LS194 为左移状态，在右边移入"0"，此时，$S_1 = 1$，$S_0 = 0$。电路在完成花形 3 时，74LS194 为输入置位状态，此时，$S_1 = 1$，$S_0 = 1$。S_1，S_0 的时序如图 6.14 所示。

因此，可以用计数器 74LS193 构成控制信号产生单元电路，如图 6.15 所示。

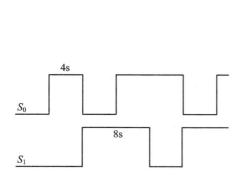

图 6.14　S_0、S_1 时序图

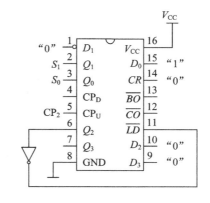

图 6.15　控制信号产生单元电路原理图

2．8 路输出循环彩灯电路

本电路由分频单元电路、编码单元电路、节拍控制单元电路等组成，电路结构框图如图 6.16 所示。

1）编码单元电路

该单元电路由两片 4 位移位寄存器 74LS194 实现，形成 8 路彩灯。根据电路的输出显示，编码单元电路输出状态如表 6.11 所示。

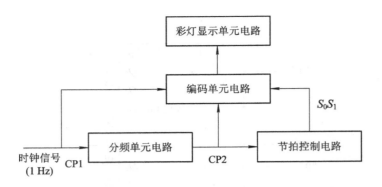

图 6.16 电路结构图

表 6.11 编码单元电路输出状态

时钟	彩灯 $L_7 L_6 L_5 L_4 L_3 L_2 L_1 L_0$		时钟	彩灯 $L_7 L_6 L_5 L_4 L_3 L_2 L_1 L_0$	
	花形 1	花形 2		花形 1	花形 2
1	0000 0000	0000 0000	6	1110 0111	0111 0111
2	0001 1000	1000 1000	7	1100 0011	0011 0011
3	0011 1100	1100 1100	8	1000 0001	0001 0001
4	0111 1110	1110 1110	9	0000 0000	0000 0000
5	1111 1111	1111 1111			

　　由表 6.11 可知，花形 1 是 8 个时钟周期为一个循环，每个状态均是左右对称，因此将一片 74LS194 接成 4 位左移扭环计数器，另一片 74LS194 接成 4 位右移扭环计数器，就可以实现花形 1 了。花形 1 电路原理图如图 6.17 所示。

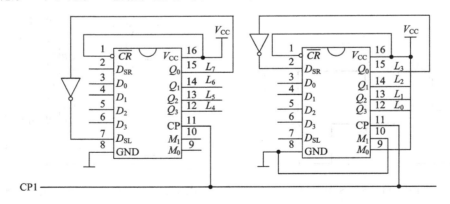

图 6.17 花形 1 电路原理图

　　由表 6.11 可知，花形 2 也是 8 个时钟周期为一个循环，前 4 位与后 4 位均为右移。花形 2 电路原理图如图 6.18 所示。

　　由表 6.11 知道，花形 1 与花形 2 的 $L_3 \sim L_0$ 状态均一样，因此我们侧重考虑 $L_7 \sim L_4$ 的状态。根据 74LS194 引脚功能，可得花形状态与控制端关系如表 6.12 所示。

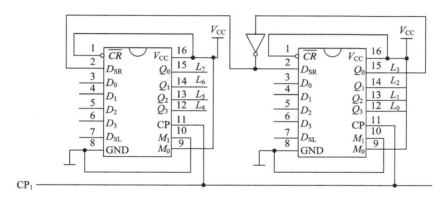

图 6.18 花形 2 电路原理图

表 6.12 花形状态与控制端关系

控制端	花形 1	花形 2
S_0	0	1
S_1	1	0
D_{SR}	—	$\overrightarrow{L7}$
D_{SL}	$\overleftarrow{L7}$	—

2）分频单元电路

每个花形循环需要 8 个时钟周期，而实现一个大循环需要 16 拍。分频单元电路需要对时钟信号进行 8 分频，本实验采用 74LS90 构建八进制计数器，电路原理图请同学们思考。

3）节拍控制单元电路

本单元电路使 S_0、S_1 端的状态按表 6.12 所示变化，以实现花形 1 与花形 2 间的转换。节拍控制单元电路如图 6.19 所示。

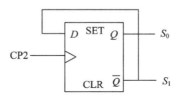

图 6.19 节拍控制电路原理图

3. 集成块管脚图

本实验用到的集成块管脚图如图 6.20～6.24 所示。

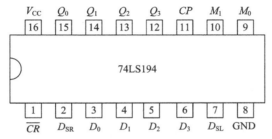

图 6.20 74LS194 4 位双向移位寄存器（并行存取）

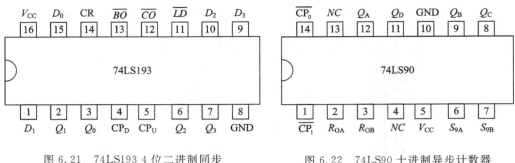

图 6.21　74LS193 4 位二进制同步
加／减计数器（双时钟）

图 6.22　74LS90 十进制异步计数器

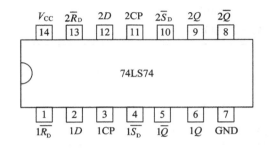

图 6.23　74LS74 双上升沿 D 触发器

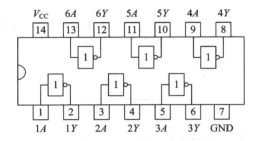

图 6.24　74LS04 六反相器

6.7　数字电子秒表逻辑电路设计

一、设计目的

（1）学习数字电路中基本 RS 触发器、单稳态触发器、时钟发生器及计数器、译码显示等单元电路的综合应用。

（2）学习电子秒表电路的设计和调试方法。

二、设计任务

1. 设计电子秒表

用数字集成块 74LS00、74LS09、555 时基电路、电位器、电容、电阻等元件设计电子秒表，并要求：

（1）用两个开关控制。一个用于清零并开始计数；另一个用于计时停止，并在数码管上保留所计时之值。

（2）基准时钟设计成可调，方便校准。

（3）可显示 0.1～0.9 s、1～9.9 s 计时。

2. 设计电源电路

用集成稳压块 7805、电容、电阻等元件设计数字电路电源，并要求：

（1）输出＋5 V 直流稳压电源。

（2）输出电流大于 1 A。

（3）输出纹波电压小于 5 mV。

三、设计要求

（1）设计任务中的第一项内容，有条件可选第二项来设计。

（2）自行设计电路，并在设计说明书中论述设计方法和过程。

（3）将设计电路在计算机上进行仿真验证，仿真成功后再进行实际电路的连接和调试。

四、设计条件

1. 实验室常备仪器仪表

实验室常备仪器仪表如表 6.13 所示。

表 6.13　实验室常备仪器仪表

名　　称	数量（台）
电工电子实验台	1
函数信号发生器	1
示波器	1
数字三用表	1

2. 实验室常备原件

实验室常备元件如表 6.14 所示。

表 6.14　实验室常备元件

型　　号	名称及作用	数　　量
译码显示器	译码显示	1
74LS00	四 2 输入与非门	1
74LS90	加法计数器	4
NE555	集成定时器	1
电位器	线绕电位器	若干
电阻	色环电阻	若干
电容	瓷介电容	若干

五、设计报告要求

1. 设计方案

给出电路设计的原理和原理方框图，并进行方案说明。

2. 设计电路

给出电路原理图和实验连线图，并说明电路原理。

3. 选用器材

列出元件清单。

4. 实验方案

（1）实验设备；

（2）实验步骤；

（3）绘制测试表格；

（4）总结。

六、参考电路

1. 基本 RS 触发器

图 6.25 为电子秒表的电路原理图，按功能可分成 4 个单元电路进行分析。

图 6.25 中单元 Ⅰ 为用集成与非门构成的基本 RS 触发器，属低电平直接触发的触发器，有直接置位、复位的功能。其一路输出 $\bar{Q}$ 作为单稳态触发器的输入，另一路输出 Q 作为与非门 5 的输入控制信号。按动按钮开关 S_2（接地），门 1 输出 $\bar{Q}=1$，门 2 输出 $Q=0$，S_2 复位后 Q、$\bar{Q}$ 状态保持不变；再按动按钮开关 S_1，Q 由 0 变 1，门 5 开启，从而为计数器启动做好准备。$\bar{Q}$ 由 1 变 0，送出负脉冲，启动单稳态触发器工作。

基本 RS 触发器在电子秒表中的职能是启动和停止秒表的工作。

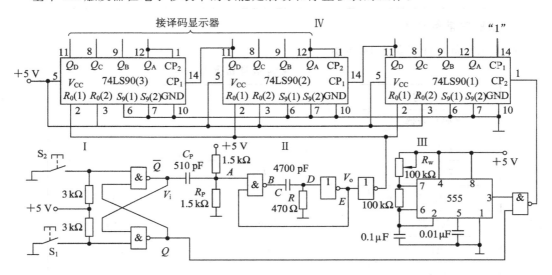

图 6.25　电子秒表的电路原理图

2. 单稳态触发器

图 6.25 中单元 Ⅱ 为用集成与非门构成的微分型单稳态触发器，图 6.26 所示为各点波形图。

单稳态触发器的输入触发负脉冲信号 V_i 由基本 RS 触发器 $\bar{Q}$ 端提供，输出负脉冲 V_o 通过非门加到计数器的清除端 R_o。

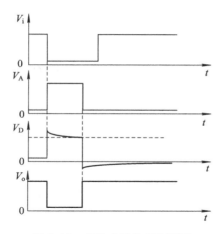

图 6.26　单稳态触发器波形图

　　静态时，门 4 应处于截止状态，故电阻 R 必须小于门的关门电阻 R_{off}。定时元件 R、C 取值不同，输出脉冲宽度也不同。当触发脉冲宽度小于输出脉冲宽度时，可以省去输入微分电路的 R_P 和 C_P。

　　单稳态触发器在电子秒表中的职能是为计数器提供清零信号。

3. 时钟发生器

　　图 6.25 中的单元Ⅲ为用 555 定时器构成的多谐振荡器，它是一种性能较好的时钟源。调节电位器 R_w，使其在输出端 3 获得频率为 50 Hz 的矩形波信号。当基本 RS 触发器 $Q=1$ 时，门 5 开启，此时 50 Hz 的脉冲信号通过门 5 作为计数器脉冲加在计数器 74LS90(1) 的计数输入端 CP_2 上。

4. 计数及译码显示

　　二—五—十进制加法计数器 74LS90 构成电子秒表的计数单元，如图 6.25 中单元Ⅳ所示。其中计数器 74LS90(1) 接成五进制形式，对频率为 50 Hz 的时钟脉冲进行五分频，在输出端 Q_D 取得周期为 0.1 s 的矩形脉冲，作为计数器 74LS90(2) 的时钟输入。计数器 74LS90(2) 及计数器 74LS90(3) 接成 8421 码十进制形式，其输出端与实验装置上译码显示单元的相应输入端连接，可显示 0.1～0.9 s 与 1～9.9 s 的计时。

　　注意：集成异步计数器 74LS90 是异步二—五—十进制加法计数器，它既可以作为二进制加法计数器，又可以作为五进制和十进制加法计数器。图 6.27 所示为 74LS90 芯片的引脚排列，表 6.15 为其功能表。

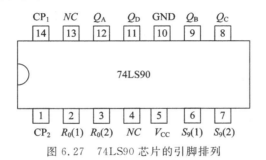

图 6.27　74LS90 芯片的引脚排列

表 6.15 74LS90 功能表

输入						输出	功能
清 0		置 9		时钟		$Q_D\ Q_C\ Q_B\ Q_A$	
$R_0(1)$	$R_0(2)$	$S_9(1)$	$S_9(2)$	CP_1	CP_2		
1	1	×	×	×	×	0 0 0 0	清 0
×	×	1	1	×	×	1 0 0 1	置 9
0 ×	× 0	0 ×	× 0	↓	1	Q_A 输出	二进制计数
				1	↓	$Q_D Q_C Q_B$ 输出	五进制计数
				↓	Q_A	$Q_D Q_C Q_B Q_A$ 输出 8421 BCD 码	十进制计数
				Q_D	↓	$Q_D Q_C Q_B Q_A$ 输出 5421 BCD 码	十进制计数
				1	1	不变	保持

通过不同的连接方式,74LS90 可以实现 4 种不同的逻辑功能,而且还可以借助 $R_0(1)$、$R_0(2)$对计数器进行清零,借助 $S_9(1)$、$S_9(2)$将计数器置 9。其具体功能详述如下:

(1) 若计数脉冲从 CP_1 输入,Q_A 作为输出端,则为二进制计数器。

(2) 若计数脉冲从 CP_2 输入,Q_D、Q_C、Q_B 作为输出端,则为异步五进制加法计数器。

(3) 若将 CP_2 和 Q_A 相连,计数脉冲从 CP_1 输入,Q_D、Q_C、Q_B、Q_A 作为输出端,则构成异步 8421 码十进制加法计数器。

(4) 若将 CP_1 与 Q_D 相连,计数脉冲从 CP_2 输入,Q_A、Q_B、Q_C、Q_D 作为输出端,则构成异步 5421 码十进制加法计数器。

(5) 清零、置 9 功能。

① 异步清零。当 $R_0(1)$、$R_0(2)$均为 1,$S_9(1)$、$S_9(2)$中有 0 时,实现异步清零功能,即 $Q_D Q_C Q_B Q_A = 0000$。

② 置 9 功能。当 $S_9(1)$、$S_9(2)$均为 1,$R_0(1)$、$R_0(2)$中有 0 时,实现置 9 功能,即 $Q_D Q_C Q_B Q_A = 1001$。

5. 调试方法及步骤

由于实验电路中使用的器件较多,实验前必须合理安排各器件在实验装置上的位置,使电路逻辑清楚,接线较短。实验时,应按照实验任务的次序,将各单元电路逐个进行接线和调试,即分别测试基本 RS 触发器、单稳态触发器、时钟发生器及计数器的逻辑功能,待各单元电路工作正常后,再将有关电路逐级连接起来进行测试,直到测试完整个电路的功能。这样的测试方法有利于检查和排除故障,保证实验顺利进行。

(1) 基本 RS 触发器的测试。

(2) 单稳态触发器的测试。

① 静态测试。用直流数字电压表测量 A、B、D、E 各点电位值,并记录之。

② 动态测试。输入端接 1 kHz 连续脉冲源,用示波器观察并描绘 D 点(V_D)、E 点(V_o)的波形。如果单稳态输出脉冲持续时间太短而不利于观察,可适当加大微分电容 C(如

改为 0.1 μF），待测试完毕，再恢复为 4700 pF。

（3）时钟发生器的测试。

用示波器观察输出电压的波形并测量其频率，调节 R_w，使输出矩形波的频率为 50 Hz。

（4）计数器的测试.

① 计数器 74LS90（1）接成五进制形式，$R_0(1)$、$R_0(2)$、$S_9(1)$、$S_9(2)$ 接逻辑开关输出插口，CP_2 接单次脉冲源，CP_1 接高电平 1，$Q_D \sim Q_A$ 接实验设备上译码显示输入端 D、C、B、A，按表 6.15 测试其逻辑功能，并记录之。

② 计数器 74LS90（2）及计数器 74LS90（3）接成 8421 码十进制形式，同内容（1）进行逻辑功能测试，并记录之。

③ 将计数器 74LS90（1）、74LS90（2）、74LS90（3）级联，进行逻辑功能测试，并记录之。

（5）电子秒表的整体调试。

各单元电路测试正常后，按图 6.25 把几个单元电路连接起来，进行电子秒表的总体测试。先按下按钮开关 S_2，此时电子秒表不工作；再按下按钮开关 S_1，则计数器清零后便开始计时，观察数码管显示的计数情况是否正常；如不需要计数或暂停计时，则按下开关 S_2，计时立即停止，数码管保留所计时之值。

（6）电子秒表准确度的测试。

利用走时准确的电子钟或手表的秒计时对电子秒表进行校准。

6. 调试注意事项

（1）注意译码显示电路的正确接法。

（2）断电接线，检查线路无误后再通电实验。

6.8　数字万用表装调

一、实验目的

（1）学会使用电烙铁，提高焊接技术。

（2）了解数字三用表的工作原理，掌握三用表的使用方法。

（3）学会识别色环电阻、电容、晶体管。

（4）培养分析和处理一般故障的能力。

二、实验原理

1. 识别走通电路原理图

基本组成为液晶显示驱动电路、模数转换电路、基准电压电路、公共分压电路、直流电流电路及晶体管参数测试电路。

2. A/D 转换器 CC7106 工作原理和管脚排列及各引脚功能

1）A/D 转换器 CC7106 工作原理

CC7106 是一双积分 A/D（模拟-数字）转换器，内部电路框图如图 6.28 所示，主要由以下几部分组成：积分器 A、过零比较器 B、模拟开关 $S_1 \sim S_4$、时钟发生器、控制逻辑、计数器、译码显示、基准电压 U_{REF} 等。所谓双积分，就是在一个测量周期内要进行两次积分。一个测量周期分采样、比较、休止三个阶段，工作过程如图 6.29 所示。

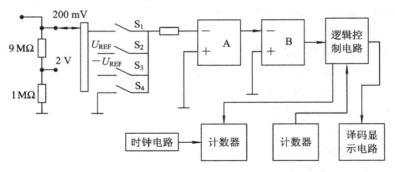

图 6.28　CC7106 原理框图

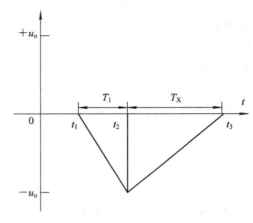

图 6.29　工作过程

(1) 采样积分阶段。

当被测电压 U_X 加在输入端时，在 t_1 时刻控制电路使 S_1 闭合、S_4 打开，积分器对 U_X 进行积分，若 U_X 为正的固定直流电压，则积分器输出电压 U_0 为负向增长，U_0 随时间变化的关系为

$$U_0 = -\frac{U_X}{R_1 C} \int_{t_1}^{t_2} \mathrm{d}t$$

在 S_1 闭合的同时，周期为 T_N 的标准时钟脉冲通过主控门进入计数器。当 $t = t_2$ 时，计数器计满并发出溢出信号，使开关 S_1 打开、S_3 闭合，采样阶段所用时间为 T_1。若计数器计满需要计入脉冲数 N，每个标准脉冲周期为 T_N，则采样积分时间 T_1 与被测电压大小无关，T_1 是一固定值。采样阶段结束，比较阶段开始时积分器输出电压为

$$U_0 = -\frac{U_X}{R_1 C} T_1$$

(2) 比较阶段。

在 $t = t_2$ 时，计数器的溢出信号作用于控制门，并根据被测电压 U_X 的极性确定是 S_2 闭合还是 S_3 闭合。当 U_X 为正值电压时，S_3 闭合；当 U_X 为负值电压时，S_2 闭合，此时积分器将进行第二次积分，同时计数器重新开始计数。当 $t > t_2$ 时，积分器输出电压为

$$U_0 = -\frac{U_X}{R_1C}T_1 + \frac{E_{REF}}{R_1C}\int_{t_2}^{t_3}\mathrm{d}t$$

当 $t=t_3$ 时，积分器输出电压回零，过零比较器发出信号，通过控制门停止积分并关闭计数器，比较阶段的时间 $T_X = t_3 - t_2$，T_X 可由下式求出

$$T_X = \frac{T_1}{U_{REF}}U_X$$

由于 T_1 与 U_{REF} 是固定值，所以 T_X 由被测电压决定，又因为 $T_1 = NT_N$，所以

$$T_X = T_N N_X$$

$$U_X = \frac{U_{REF}}{N}N_X$$

因此可用 T_X 时间内进入计数器的脉冲数 N_X 来表示被测电压 U_X 的值。

（3）休止阶段。

比较阶段完成后，由过零比较器使控制门发出命令，停止积分器工作，让 S_4 闭合，S_1、S_2、S_3 均打开，同时使 U_0 为零，为下一次采样做好准备。

2）CC7106 管脚功能

CC7106 是双积分 A/D 转换器的核心部件，它将模拟与数字电路集成在一个有 40 个功能端的电路内，在外部只需接入少量元件就可组成一个三位半的数字电压表。

所谓三位半数字电压表，是指在测量电压时，该表有四个数码显示位，其中三位可显示 0～9 十个数码，还有一位（最高位）工作时只能显示出"1"或"0"这样两种数码，这位就叫做半位，所以称之为三位半数字电压表。

CC7106 管脚排列如图 6.30 所示。

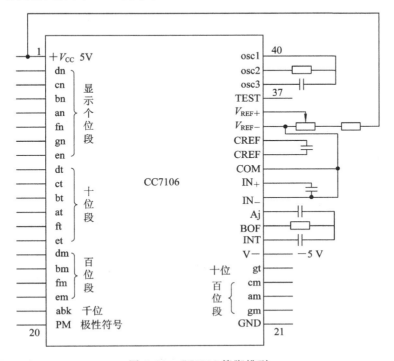

图 6.30 CC7106 管脚排列

- 1 脚和 26 脚为电源正负端。
- 2～8 脚为个位。
- 9～14 脚和 25 脚为十位。
- 15～18 脚、22～24 脚为百位。
- 19 脚为千位。
- 20 脚为极性显示。
- 38、39、40 脚为振荡端子，外接 R_{20}、C_6 元件，组成多谐振荡器产生 40 kHz 方波信号。
- 37 脚为测试端，有两个功能：一是 37 脚与 1 脚相连，LCD 全部显示为"1888"作为自检；二是外部驱动的电源负端（如本电路作为缺电显示的负端），21 脚为正端。
- 35、36 脚为基准电压正负端（它们之间的电压为 100 mV）。
- 33、34 脚外接基准确性电容 C_5。
- 32 脚为模拟地端。
- 30、31 脚为模拟量输入端（分别接输入信号的正负端）。
- 27、28、29 脚为积分器。其中，27 脚为积分器输出端，外接积分电容 C_2；28 脚为缓冲放大器的输出端，外接积分电阻 R_{17}；29 脚为积分和比较器的反相输入端，外接自动调零电容 C_3。
- 21 脚为 BP 背电极，接 50Hz 方波。

3. 测试电路

把各种测量量转换成 200 mV 以下的电压，经 A/D 转换后进行显示。

三、焊接技术

1. 电烙铁的使用

电烙铁是焊接的主要工具，它作为热源熔化焊锡，加热焊点时焊锡能很好的附着在被焊元器件的焊点上。电烙铁的加热器由电阻丝构成，由绝缘陶瓷筒引出两端接市电 220 V。电烙铁的烙铁头用铜材做成，导热性能好，容易沾锡。烙铁头插在传热筒中，用螺钉固定，改变其插入深度可以调节烙铁头的温度。内热式烙铁套筒头置于加热体外，通电后加热速度快、热效率高。

常用烙铁功率有 15 W、20 W、25 W、30 W、75 W 和 100 W 等几种，使用时可根据元器件的大小、导线的粗细、被焊处散热面的大小等条件来选择。一般，当焊接小功率晶体管、集成电路和小型元件时，选用 15～30 W 的烙铁；当焊接粗导线、大面积散热点、大型元件时，选用 75～100 W 的烙铁。不同功率的电烙铁在室温时的电阻值如表 6.16 所示。

表 6.16　不同功率电烙铁电阻值

电烙铁功率/W	20	30	50	75	100
电热丝阻值/Ω	2550	1600	1100	650	500

烙铁头的形状和温度对焊接质量有极大的影响。除焊接粗大件时烙铁头可较大外，焊接一般小型电子元件时，烙铁头应用锉刀将其顶端锉成扁而窄的形状，尤其是焊接双列直插式集成电路的烙铁头，其宽度应与集成电路管脚宽度相近，以利于焊锡顺利流向焊接处，又不致焊到靠近的其他焊点上。

烙铁铜头锉好以后，将烙铁通电，同时将烙铁头置于松香上，当其能沾上一层已被其熔化的松香时，就在周围有松香的焊锡上轻擦，使其去掉氧化层而涂上一薄层锡。若在某处涂不上锡，则该处一定不清洁或有氧化层，必须重新进行清洁处理。烙铁的使用温度要合适，通常为250℃左右，温度过高，烙铁头极易氧化变黑，不能沾锡，也容易使焊接元件因过热而损坏；温度过低，不能充分熔化焊锡，容易造成虚焊。

若烙铁长时间加热不用，则温度升高、表面氧化变黑，所以较长时间不用烙铁时，应暂时断开电源。插在套筒内的烙铁头，每次使用后有氧化层脱落，应将其除去，否则烙铁头会被卡死而无法取出。

2. 焊料与焊剂

常用焊料是锡铅合金，简称焊锡，制成细圆筒状，中间填有松香，其熔点为190℃，低熔点焊锡丝的熔化温度更低。

常用的焊剂是松香，有黄色和褐色两种，以黄色的为好。焊剂的作用是除去油污和氧化层，并防止被焊金属表面在焊接受热时氧化，也能增加焊锡的流动性，提高焊点质量。

普通焊锡膏是酸性助焊剂，去氧化能力强，但对金属有腐蚀性，焊后要把残余焊膏去净，一般只在常规方法难以焊接时才使用焊膏。中性焊膏性能好，但实验室中一般不使用。

3. 焊点的质量要求

焊点的质量直接关系到整机电路能否稳定、可靠地工作，实验能否顺利进行。质量较好的焊点形状呈扁圆形，表面光滑并有一定亮度。表面粗糙、凸凹不平的焊点，从外观上看焊锡也包住了导线，但内部存在空气与污渣，因此并未焊牢，经过一段时间后，焊点处就会接触不良，这种现象称为虚焊。虚焊从外观上有时不易被发现，因而给电路调试和检修造成极大的困难，是电路工作的大敌。造成虚焊的主要原因有：元器件引线、导线、焊片、铜箔等焊接部位没有做好清洁工作，无法使焊锡附着于金属表面；焊锡或焊剂质量不好或用量太少；烙铁温度太低、焊接时间太短、焊接冷却期间引线抖动等。

4. 焊接技术要领

1）清洁处理

凡需要焊接的部位都要清洁处理，即去掉氧化层，露出新的表面，随即涂上焊剂和沾上锡。它是焊接质量的基本保证，假如清洁工作不彻底，那么即使勉强把焊锡"糊"上，也会形成虚焊。

对铜质物的表面，可用刀刮或砂纸擦拭清洁；对很细的导线，可将其用沾锡的烙铁按在有松香的木板上，边烫边轻擦，直到导线吃上锡。

大多数晶体管和集成电路的管脚都镀有金、锡等薄层，以便焊接，但存放时间过长，也要做清洁处理。清洁时要注意，由于管脚一般是由铁镍铬合金制成的，本身不易焊接，因此，清洁处理时不能将镀层刮去，否则难焊或易造成虚焊。清洁处理可用橡皮擦亮，无效时可适当使用焊膏。

2）掌握焊接温度

当烙铁温度偏低时，由于焊锡流动性差，易凝固，而且焊锡不能充分熔化，焊剂作用不能充分发挥，因此焊点不光滑、不牢固，易造成虚焊；当温度过高时，由于焊锡容易淌滴，焊点上存不住锡，因此焊锡可能会附着到临近导体上引起短路。所以，焊接时应根据元器件大小选用功率合适的烙铁、适当调节烙铁头的长度、掌握烙铁加热时间，以使温度达到合适。

3）控制焊接时间

把带有焊锡的烙铁头轻轻压在焊接处，使被焊物加热，适当停留一会儿，当看到被焊处的焊锡全部熔化，或焊锡从烙铁头自动流到被焊物上时，即可移开烙铁头，这时将会留下一个光亮圆滑的焊点。若移开烙铁后，被焊处沾不上焊锡或沾上的很少，则说明加热时间太短，或被焊物清洁处理不好；若移开烙铁前焊锡下淌，则说明焊接时间过长。

焊接时烙铁头和被焊处要有一定的接触面积，切勿成点接触，否则不易传热。焊接时间过长，易烫坏元器件或使印刷电路板的铜箔翘起。一次未焊好，应稍停片刻再焊。焊接时不可将烙铁来回移动，不要过分用力下压，更不要像涂浆糊似的多次涂焊。

4）上锡适量

根据焊点的大小来蘸取合适的锡量，使焊锡正好能包住被焊物，形成一个引线轮廓隐约可见的光滑焊点。焊锡量不易过少，以免焊接不牢或容易脱开，如果一次上锡不够，可再次补焊，但须待前次上的锡一同熔化之后才能移开烙铁。初学者会像堆沙堆一样往上加焊锡，结果焊锡用多了，这会使焊接质量极差，有的会虚焊，有的甚至焊不上。

5）防止抖动

焊接时，被焊物应扶稳夹牢，尤其是在移开烙铁后的焊锡凝固期，被焊物不可抖动，否则容易形成虚焊。

6）先热后焊法

常用的焊接次序是先让烙铁头蘸锡，再蘸上松香，然后迅速进行焊接。而对于已固定的元器件，特别是集成电路及其插座，可先将烙铁头置于焊接处，经过 $1 \sim 2\ s$ 后，把低熔点的焊锡丝紧靠烙铁头，使适量焊锡熔化到被焊物上，然后立即移开焊锡丝和烙铁。

7）焊后检查

焊后从外观检查焊点是否光滑美观，焊点不能呈凹陷状。检查时可用手或镊子夹住元器件引线，稍用一点力拉动，由手来感觉是否松动或拉脱，但要注意，用力切勿过大、过猛。焊接时切忌将引线弯成 $90°$ 以后焊接，否则即使虚焊也难以检查。

5．电路焊接次序

为防止错焊和漏焊，焊接应从电路输入到输出，或相反方向逐级进行。对同级电路，先焊小型元件和细导线，后焊大型元件和晶体管。这样可避免小型元件固定困难和焊接不便，又不会烫到大型元件和晶体管。

6．安全检查

实验室内仪器甚多，电源线和连接线更多，应防止烙铁烫坏各类物品，特别是 220 V

电源线，以免造成事故。烙铁应置于烙铁筒内，切忌直接置于桌面，特别是暂时不焊时更应如此。离开工作场所时，应拔下烙铁电源插头，待其冷却后收藏。

不要任意甩烙铁上的锡，以免烫坏或损坏衣物，尤其是内热式烙铁头，由于没有专用紧固件，容易脱落，因此更不能任意甩锡。烙铁电源线和外壳间绝缘电阻应超过 100 MΩ，以使接地的三脚电源插头更安全。

四、实验器材

所需实验器材如表 6.17 所示。

表 6.17　实　验　器　材

序号	设　备　名　称	功能作用	数量
1	SB830B 型数字三用表套件	实验	1
2	数字万用表	调试	1
3	电烙铁、镊子、斜口钳、小起子各一把	焊接装配	1

五、实验内容

（1）按数字表套件的配套清单和装配图元器件识别各元器件。图 6.31 为数字万用表整机电路图，图 6.32 为液晶显示器连线示意图。

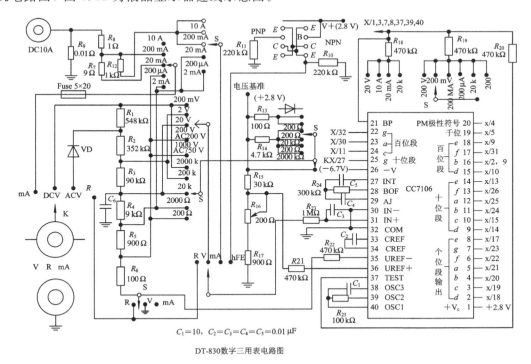

DT-830数字三用表电路图

图 6.31　整机电路图

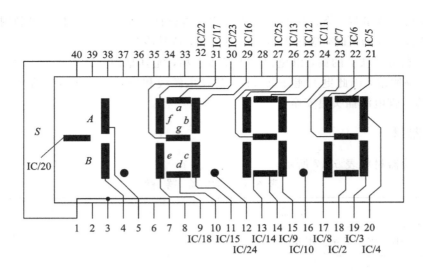

图 6.32　液晶显示器连线示意图

（2）识别装配图和各元器件安装方法。

（3）安装元器件和焊接。

（4）安装集成块、液晶显示器、工作种类开关。

（5）测试 100 mV 基准电压将 7106 集成块 37 脚与 1 脚短接显示"1888"。

（6）学员用自己装好的数字表，在调校桌上进行直流电压、直流电流、交流电压、标准电阻及二极管、三极管的测量并比较，达到熟练使用数字表的目的。

（7）进行典型故障分析和排除。

六、注意事项

（1）准确分清各元件的数值。

（2）按"长卧短立"的原则，将元器件插入应有的位置。

（3）检查无误后再焊接，八脚管座经教员检查后才能焊接。

（4）焊接时间要短、要快，防止焊脱电路板，不能虚焊、堆焊、短焊，焊锡不能落到非焊接部位，焊点要小、光、圆。

（5）正确使用数字表。

附录 A　TH－DD1 电工电子实验装置

一、基本组成

TH－DD1 型电工电子实验装置可完成电工基础、电工原理、电机与继电器控制、模拟电路、数字电路等实验项目，还可以完成自行编制的其他电路实验，下面介绍该实验装置的系统组成。

本实验装置主要由实验屏和实验桌组成。

（一）实验屏简介

实验屏为铁质喷塑结构，铝质面板，如图 A1 所示。屏上固定着交流电源的启动控制装置、三相电源电压指示切换装置、低压直流稳压电源、恒流源、数控智能函数信号发生器、受控源、各种测量仪表和各实验电路模块等。

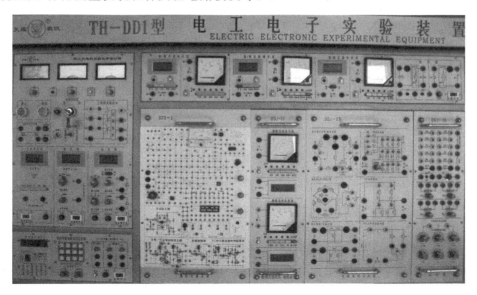

图 A1　TH－DD1 型电工电子实验装置实验屏

（二）实验屏组成

（1）电源部分：包括三相 0～450 V 及单相 0～250 V 连续可调交流电源；两路低压稳压直流 0～30 V(0.5 A)；连续可调电源，分 10 V、20 V、30 V 三挡，配有三位半数显直流电压表指示输出电压；一组连续可调恒流源 0～200 mA(0.5 A)，分 2 mA、20 mA、200 mA 三挡，也配有三位半数显直流电流表指示输出电流。

（2）数控智能函数信号发生器部分：是以单片机为核心组成的数控式函数信号发生器，可输出正弦波、三角波、锯齿波、矩形波等六种信号波形。

（3）受控源 CCVS、VCCS、VCVS、CCCS 四路，此外，还输出 ±12 V 的两路直流稳压电源，并有发光管指示。

（4）测量仪表部分：包括六块直流仪表和五块交流仪表。

（5）实验组件挂箱部分：主屏右方有一个大凹槽，用来挂置各种实验挂箱。此凹槽顶装有三芯插座、四芯和五芯航空插座各一只。三只三芯插座可输出 AC 220 V，供需要 AC 220 V 电压的有源挂箱使用。四芯航空插座专供 DGJ－04 挂箱使用，其中二芯为 AC 13.5 V 输出，另二芯为报警信号。五芯航空插座专供 DGJ－10 挂箱使用，其中二芯为 AC 33V 输出，另三芯为报警信号。在按过启动按钮接通实验屏内电源后，这些插座即有相应的电压输出。

二、使用方法

（一）交流电源的启动

实验屏交流电源模块如图 A2 所示。

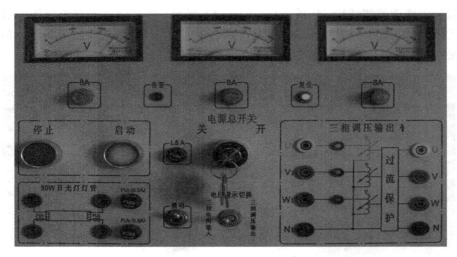

图 A2　交流电源

（1）实验屏的左后侧有一根接有三相四芯插头的电源线。先在电源线下方的接线柱上接好机壳的接地线，然后将三相四芯插头接通三相四芯 380 V 交流市电。这时，屏左侧的三相四芯插座即可输出三相 380 V 交流电压。必要时此插座上可插另一实验装置的电源线插头。但请注意，连同本装置在内，串接的实验装置不能多于三台。

（2）将实验屏左侧面的三相自耦调压器的手柄调至零位，即逆时针旋到底。

（3）将"电压指示切换"开关置于"三相电网输入"侧。

（4）开启钥匙式电源总开关，停止按钮灯亮（红色），上方三只电压表（0～450 V）指示输入三相电源的线电压值。此时，实验屏左侧面的单相二芯电源插座和右侧面的单相三芯电源插座处均有 220 V 交流电压输出。

（5）按下启动按钮（绿色），红色按钮灯灭，绿色按钮灯亮，同时可听到屏内交流接触器的瞬间吸合声，面板上与 U1、V1 和 W1 相对应的黄、绿、红三个 LED 指示灯亮。至此，实验屏启动完毕。

（二）三相可调交流电源输出电压的调节

（1）将"电压指示切换"开关置于"三相调压输出"侧，上方三只电压表指针回到零位。

（2）按顺时针方向缓缓旋转三相自耦调压器的手柄，上方三只电压表的指针将随之偏转，指示出屏上三相可调电压输出端 U、V、W 两两之间的线电压之值，直至调节到某实验内容所需的电压值。当需要改变实验接线时，或者实验完毕，应将调压器手柄调回零位，并将"电压指示切换"开关拨至左侧。

（三）日光灯的使用

实验屏顶部有两支 30 W 日光灯管，分别供照明和实验使用。照明用的日光灯管由"照明"开关控制，开启钥匙开关后即可使用。实验用的日光灯管的四个灯丝引脚已对应接至屏上的四个护套座，以便于做相应的实验。灯丝线路中均接有保险丝，以保护灯管。

（四）低压直流稳压、恒流电源输出与调节

1. 低压直流稳压电源的输出与调节

低压直流稳压电源如图 A3 所示，开启电压源处的带灯开关，两路稳压电源的输出插孔均有电压输出。

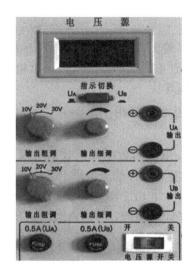

图 A3　电压源

（1）"指示切换"按键弹起时，数字式电压表（量程为 30 V）指示第一路（U_A）输出的电压值；将此按键按下，电压表指示第二路（U_B）输出的电压值。

（2）调节"输出粗调"波段开关和"输出细调"多圈电位器旋钮，可平滑地调节输出电压。调节范围为 0～30 V（分三挡），额定电流为 0.5 A。

（3）两路输出均设有软截止保护、自动恢复功能，但应尽量避免输出短路。

2. 低压直流恒流源的输出与调节

低压直流恒流源如图 A4 所示。

（1）将负载接至"恒流输出"两端，开启恒流源处的带灯开关，数字式毫安表即指示输出电流之值。调节"输出粗调"波段开关和"输出细调"多圈电位器旋钮，可在三个量程段

（满度为 2 mA、20 mA 和 500 mA）连续调节输出的恒流电流值。

（2）本恒流源虽有开路保护功能，但不应长期处于输出开路状态。

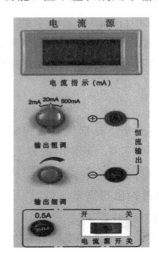

图 A4　电流源

注意事项：

当输出口接有负载时，如果需要将"输出粗调"波段开关从低挡向高挡切换，则应先将"输出细调"旋钮调至最低（逆时针旋到头），再拨动"输出粗调"开关，否则会使输出电压或电流突增，可能导致负载器件损坏。

（五）数控智能函数信号发生器的使用

1．概述

本信号源是以单片机为核心组成的数控式函数信号发生器，如图 A5 所示。它可输出正弦波、三角波、锯齿波、矩形波等六种信号波形。通过面板上键盘的简单操作，就可以很方便地连续调节输出信号的频率，并由 LED 数码管直接显示出输出信号的频率值、矩形波的占空比。本仪器还兼有频率计的功能，可精确地测定各种周期信号的频率。

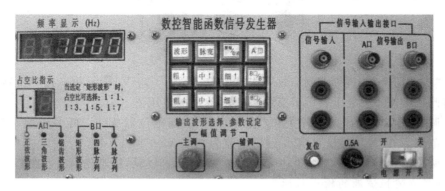

图 A5　数控智能函数信号发生器面板

2．主要技术指标

（1）输出频率范围：正弦波和矩形波为 1 Hz～150 kHz；三角波和锯齿波为 1 Hz～

10 kHz；四脉方列和八脉方列固定为 1 kHz。频率调整步幅：1 Hz～1 kHz 为 1Hz；1～10 kHz 为 10 Hz；10～150 kHz 为 100 Hz。

（2）输出脉宽调节：占空比固定为1：1、1：3、1：5 和 1：7 四挡；输出脉冲前、后沿时间：小于 50 ns。

（3）输出幅度调节范围：A 口：15 mV～17.0 V_{pp}；B 口：0～3.7V_{pp}。

（4）输出阻抗：小于 50 Ω。

（5）频率测量范围：1 Hz～200 kHz。

3. 使用操作说明

（1）输出接口：模拟信号（包括正弦波、三角波和锯齿波）从 A 口输出；脉冲信号（包括矩形波、四脉方列和八脉方列）从 B 口输出。

（2）开机后的初始状态：选定为正弦波形，相应的红色 LED 指示灯亮；输出频率显示为 1 kHz；内部基准幅度显示为 5 V。

（3）按键操作：包括输出信号波形的选择、频率的调节、脉冲宽度的选择、测频功能的切换等。

① 按"A 口"键，从 A 口输出模拟信号；按"B 口/B↑"或"B 口/B↓"键，从 B 口输出脉冲信号。

② 选择 A 口输出时，连续按"波形"键可依次选择正弦波、方波和锯齿波；选择 B 口输出时，连续按"波形"键可依次选择矩形波、四脉方列和八脉方列。被选中的波形，其相应的指示灯点亮。

③ 在选定矩形波后，按"脉宽"键，可以选择矩形波的占空比。可供选择的占空比有1：1、1：3、1：5 和 1：7，由数码管显示。

④ 按"测频/取消"键，本仪器便转换为频率计的功能。可测量从"信号输入口"处接入的被测信号的频率（信号输出口仍保持原来信号的正常输出）。此时除"测频/取消"键外，按其他键均无效。只有再按"测频/取消"键，撤销测频功能后，各键才恢复其原有功能。

⑤ 按"粗↑"键或"粗↓"键，可单步改变（调高或调低）输出信号频率值的最高位（最大步幅为 10 kHz）。

⑥ 按"中↑"键或"中↓"键，可单步改变（调高或调低）输出信号频率值的次高位。

⑦ 按"细↑"键或"细↓"键，可单步改变（调高或调低）输出信号频率值的第二次高位（最小步幅为 1 Hz）。

（4）输出幅度调节。

① A 口输出波形的幅度可由面板上幅值调节旋钮调节，其中"主调"旋钮为粗调，"辅调"旋钮为细调，幅度调节精度为 1 mV。

② B 口输出波形的幅度调节为按"B 口/B↑"键将连续增大输出波形幅度；按"B 口/B↓"键将连续减小输出波形幅度。

（六）测量仪表的使用

实验屏上装有 11 块仪表，其中数/模直流电压表两块，如图 A6 所示；数/模交流电压表两块，如图 A7 所示；交流毫伏表 1 块，如图 A8 所示；数/模交流电流表两块，如图 A9 所示；数/模直流安培表两块，如图 A10 所示；数/模直流毫安表两块，如图 A11 所示。

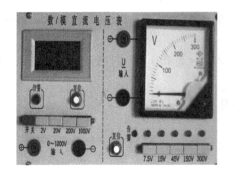

图 A6　数/模直流电压表

图 A7　数/模交流电压表

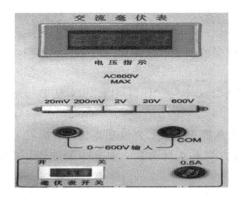

图 A8　交流毫伏表

图 A9　数/模交流电流表

图 A10　数/模直流安培表

图 A11　数/模直流毫安表

各仪表相关技术参数见表 A1，仪表使用方法如下：

（1）测量电压时，电压表应与被测对象并联；测量电流时，电流表应与被测对象串联。

（2）测量前，应先选最高量程挡，再根据测得值选用合适的量程挡位。

（3）数显直流电流表、数显交流电流表和数显交流电压表内部均分为两个量程，测量时能自动判别、自动切换。

（4）除数显交流仪表外，其余八只仪表都具有超量程告警功能，当被测信号大于量程值的5％～10％时，告警，超量程仪表的告警灯点亮，蜂鸣器响，接触器跳闸，电源切断。这时应调低被测信号的值或换高量程挡位，或者断开被测信号，再按告警仪表的复位键，即可消除报警信号。

（5）交流毫伏表的输入阻抗较大，当其输出端开路时，会有较大的感应电压（有时达100 mV）。这时，如果按下20 mV挡按键，可能会有显示数或溢出，这是正常现象，表明此表灵敏度高。为避免这一现象，不应按下任一挡位键，或者只按下最高挡位键。

表 A1　各仪表的相关技术参数

仪表名称	测量范围	分挡数	精度/%	输入阻抗/Ω
数显直流电压表	0～1000 V	4	0.5	1 M
指针直流电压表	0～300 V	0	1.0	＞200 k
数显直流毫安表	0～200 mA	3	0.5	2 mA 挡 10，其余挡＜1.2
指针直流毫安表	0～200 mA	4	1.0	2 mA 挡 10，其余挡＜0.2
数显直流安培表	0～5 A	2	0.5	＜0.2
指针直流安培表	0～5 A	4	1.0	＜0.2
数显交流电流表	0～5 A	2	0.5	＜0.2
指针交流安培表	0～5 A	4	1.0	＜0.2
数显交流电压表	0～450 V	2	0.5	1 M
指针交流电压表	0～450 V	5	1.0	＞150 k
数显交流毫伏表	20 mV～600 V	6	0.5	1 M

（七）受控源的使用

打开受控源的电源开关，±12 V电源指示灯点亮，即可进行受控源方面的实验，同时可输出±12 V稳定电压（负载电流＜200 mA），如图 A12 所示。

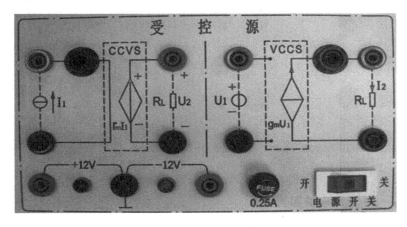

图 A12　受控源实验模块

三、实验电路模块

（一）DGJ-03 电工基础实验模块

DGJ-03 电工基础实验模块提供了基尔霍夫定理/叠加原理、一阶动态电路、二阶动态电路、戴维南定理/诺顿定理、RC 选频网络、双口网络/互易定理及 RLC 串联谐振电路实验模块，如图 A13 所示。各实验器件齐全，实验单元隔离分明，实验线路完整清晰，在需要测量电流的支路上均设有电流插座。

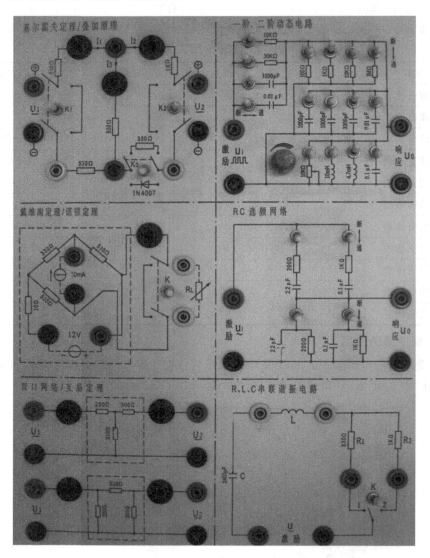

图 A13　DGJ-03 电工基础实验模块

（二）DGJ-04 交流电路实验挂箱

DGJ-04 交流电路实验挂箱提供了单相、三相、日光灯、变压器、互感器、电度表等实验所需的器件，如图 A14 所示。

图 A14　DGJ-04 交流电路实验挂箱

灯组负载为三个各自独立的白炽灯组，可连接成 Y 型或 △ 型两种形式，每个灯组设有三只并联的白炽灯罗口灯座，共可装 60 W 以下的白炽灯九只。每个灯组均设有三个开关，控制三个并联支路的通断。各灯组均设有电流插座，便于测量负载电流。每个灯组均设有过压保护线路，当电压超过 245～250 V 时会自动切断电源并报警，避免烧坏灯泡。

日光灯实验器件有 30 W 整流器、三种电容器、启辉器插座等，箱内装有铁芯变压器 1 只，规格为 50VA、220 V/36 V，原、副边均设有电流插座。

互感器实验的两个空心线圈 L1、L2 装在滑动架上，实验时可临时挂上。两个线圈的间距可调，也可将小线圈放到大线圈内。另附有大、小铁棒和非导磁铝棒各 1 根，电度表 1 只，规格为 220 V、3/6 A，实验时临时挂上，其电源线、负载进线均已接在电度表接线架的空心接线柱上，以便接线。

（三）DGJ - 05 元件挂箱

DGJ - 05 元件挂箱提供了实验所需的各种外接元件(如电阻器、发光二极管、稳压管、电容器、电位器及 12 V 灯泡等)，还提供了十进制可变电阻箱，输出阻值为 0～99 999.9 Ω/1 W，如图 A15 所示。

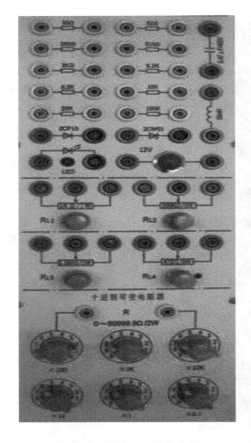

图 A15　DGJ-05 元件挂箱

（四）DGJ-10 交流仪表挂箱

DGJ-10 交流仪表挂箱装有数字式和指针式交流电流表以及数显和指针式交流电压表各 1 只。

数/模式交流电压表，如图 A7 所示，数字式交流电压表，测量范围为 0~450 V，量程自动判断、自动切换，精度为 0.5 级；指针式交流电压表，测量范围为 0~450 V，分 30 V、75 V、150 V、300 V、450 V 五挡，直键开关切换，精度为 1.0 级，带超量程告警、指示并切断总电源等功能。

数/模式交流电流表，如图 A9 所示，数字式交流电流表，测量范围为 0~5 A，量程自动判断、自动切换，精度为 0.5 级；指针式交流电流表，测量范围为 0~5 A，分 0.25 A、1 A、2.5 A、5 A 四挡，直键开关切换，精度为 1.0 级，带超量程告警、指示并切断总电源等功能。

（五）D73-2 模拟电路实验模块

D73-2 型模拟电路实验模块，如图 A16 所示，主要是由一大块单面印刷线路板制成，其正面印有清晰的图形线条、字符，使其功能一目了然。板上设有可靠的各集成块插座等几百个元器件，实验连接线采用高可靠、高性能的自锁紧插件，板上还提供实验必需的直流稳压电源、低压交流电源以及相关的电子、电器元件等。故本实验挂箱具有实验功能强、资源丰富、使用灵活、接线可靠、操作快捷、维护简单等优点。

图 A16　D73-2 型模拟电路实验模块

1. 组成和使用

（1）实验箱的供电。

实验箱的后方设有带保险丝管（0.5 A）的 220 V 单相交流电源三芯插座（配有三芯插头电源线 1 根）。箱内设有 2 只降压变压器，供四路直流稳压电源用，而且为实验提供了多组低压交流电源。

（2）一块大型（390 mm×290 mm）单面敷铜印刷线路板，正面丝印有清晰的各部件、元器件的图形、线条和字符；反面则是装接其相应的实际元器件。该板上包含着以下内容：

① 正面左下方装有电源总开关及电源指示灯各 1 只。

② 高性能双列直插式圆脚集成电路插座有 4 只（其中，40 引脚 1 只，14 引脚 1 只，8 引脚 2 只）。

③ 高可靠的自锁紧式、防转、叠插式插座有 400 多只。它们与集成电路插座、镀银针管座以及其他固定器件之间的连线已设计在印刷线路板上。板正面印有黑线条连接的器件，表示反面（即印刷线路板一面）已装上器件并接通。这类插件，其插头与插座之间的导电接触面很大，接触电阻极其微小（接触电阻≤0.003 Ω，使用寿命＞10 000 次以上），在插头插入时略加旋转，即可获得极大的轴向锁紧力；拔出时，只要沿反方向略加旋转即可轻

松地拔出。同时插头与插头之间可以叠插，从而可形成一个立体布线空间，使用起来极为方便。

④ 镀银长 15 mm 紫铜针管插座有 200 多根，可供实验时接插小型电位器、电阻、电容、三极管及其他电子器件之用（它们与相应的锁紧插座已在印刷线路板一面连通）。

⑤ 板的反面装接有与正面丝印相对应的电子元器件（如三端集成稳压块 7815、7915、LM317 各 1 只，晶体三极管 3DG6 3 只、3DGl2 2 只、3CGl2 1 只及场效应管 3DJ6F、单结晶体管 BT33、可控硅 2P4M、二极管、稳压管 2CW54、2CW231、整流桥堆、功率电阻、电容等元器件）。

⑥ 装有多圈可调的精密电位器（100 Ω、10 kΩ 各 1 只）和 1 只碳膜电位器（100 kΩ）及蜂鸣器（BUZZ）、12 V 信号灯、发光二极管（LED）、扬声器（0.25 W，8 Ω）、振荡线圈等。

⑦ 满度为 100 mA，内阻为 100 Ω 的直流毫安表 1 只，该表仅供"多用表的设计改装"实验用。

⑧ 提供 ±5 V、0.5 A 和 ±12 V、0.5 A 直流稳压电源 4 路，均有短路保护自恢复功能，其中，+12 V 具有短路报警、指示功能，有相应的电源输出插座及相应的 LED 发光二极管指示。只要开启电源分开关 ON/OFF，就有相应的 ±5 V 和 ±12 V 输出指示。

⑨ 该实验板上还设置了 4 幅实验电路图，其元器件及各元器件之间的连接线均已设计在实验板上。使用时，只须切换实验电路图中的开关或改变接线方式即能实现晶体管共射极单管放大器、两级放大器、负反馈放大器、射极跟随器、三级放大器、差动放大器、RC 串并联选频网络振荡器等七项实验内容。

⑩ 由单独一只降压变压器为实验提供低压交流电源。在电源开关左上方的锁紧插座处输出 6 V、10 V、14 V 及两路 17 V 低压交流电源（AC 50 Hz），每路均有短路保护自恢复功能，只要开启电源开关，就可输出相应的电压值。

2. 使用注意事项

（1）使用前应先检查各电源是否正常，检查步骤如下：

① 先关闭实验箱的所有电源开关（置 OFF 端），然后用随箱的三芯电源线接通实验箱的 220V 交流电源。

② 开启实验箱上的电源总开关 Power（置 ON 端），电源指示灯亮。

③ 开启两组直流电源开关 DC Sourse（置 ON），与 ±5 V 和 ±15 V 相对应的四只 LED 发光二极管应点亮。

（2）接线前务必熟悉实验板上各元器件的功能、参数及其接线位置，特别要熟知各集成块插脚引线的排列方式及接线位置。

（3）实验接线前必须先断开总电源与各分电源开关，严禁带电接线。

（4）接线完毕，检查无误后，再插入相应的集成电路芯片才可通电，严禁带电插、拔集成芯片。

（5）实验始终，实验板上要保持整洁，不可随意放置杂物，特别是导电的工具和多余的导线等，以免发生短路等故障。

（6）本实验箱上的各挡直流电源设计时仅供实验使用，一般不外接其他负载。如作它用，则要注意使用的负载不能超出本电源的使用范围。

（7）实验完毕，应及时关闭各电源开关（置 OFF 端），并及时清理实验板面，整理好连接导线并放置到规定的位置。

（8）实验时需用到外部交流供电的仪器（如示波器等），其外壳应接地。

（六）数字电路实验模块

该实验模块可完成门电路和组合逻辑电路、触发器、555 定时器、计数、译码及显示等电路的实验和设计的其他实验电路，如图 A17 所示。

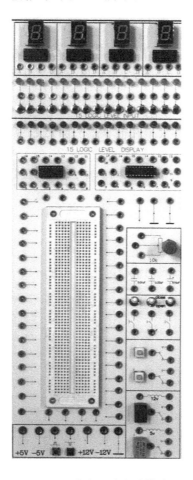

图 A17　数字电路实验模块

四、装置的安全保护系统及养护

（一）装置的安全保护系统

（1）三相四线制电源输入时，总电源由三相钥匙开关控制，并设有三相带灯熔断器作为短路保护和断相指示。

（2）控制屏电源由接触器通过启、停按钮进行控制。

（3）屏内装有电压型漏电保护装置。当控制屏内强电输出有漏电现象或者感应电压超过一定数值时，如果屏体未接地线或者接地不良，则告警并切断总电源，以确保实验过程安全。

（4）屏内还装有过流保护装置。当负载电流超过限定值时，则会告警并切断总电源，以保护相应的器件。

（5）当发生漏电或过流告警时，屏上方的告警灯亮，屏内接触器跳闸，启动按钮灯灭，停止按钮灯亮。这时应尽快查明漏电或过流的原因并消除，然后再按告警灯旁的复位按钮以消除告警信号；一时找不出原因时，可用钥匙开关断开总电源或者拔下总电源线插头。

（6）各种电源及各种仪表均有一定的保护功能。

（二）装置的保养与维护

（1）装置应放置平稳，平时注意清洁，长时间不用时最好加盖保护布或塑料布。

（2）使用前应检查输入电源线是否完好，屏上开关是否置于"关"的位置，调压器手柄是否在零位。

（3）使用中，对各旋钮进行调节时，动作要轻，切忌用力过度，以防旋钮开关等损坏。

（4）如遇电源、仪器及仪表不工作时，应关闭控制屏电源，检查各熔断器熔管是否完好。

（5）更换挂箱时，动作要轻，防止强烈碰撞，以免损坏部件及影响外表等。

附录 B　Multisim 10 软件介绍

Multisim 10 软件是 National Instruments 公司于 2007 年 3 月推出的 NI Circuit Design Suit 10 中的一个重要组成部分，它可以实现原理图的捕获、电路分析、电路仿真、仿真仪器测试、射频分析、单片机等高级应用。其数量众多的元件数据库、标准化的仿真仪器、直观的捕获界面、简洁明了的操作、强大的分析测试、可信的测试结果缩短了电路调试及设计研发的时间、强化了电路实验的学习。

一、界面介绍

Multisim 10 软件安装过程比较简单，根据提示操作即可。安装完成后，启动 Multisim 10 软件，其主界面及工具栏分别如图 B1 和表 B1 所示。

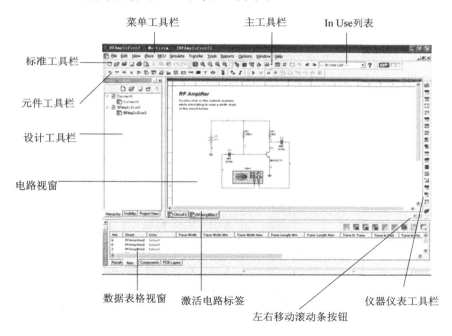

图 B1　Multisim 10 软件主界面

表 B1　Multisim 10 工具栏

名　称	功　能
菜单工具栏	用于查找所有的命令
标准工具栏	包含常用的功能命令按钮
仪器仪表工具栏	包括了软件提供的所有仪器仪表按钮
元件工具栏	提供了从 Multisim 10 元件数据库中选择、放置元件到原理图中的按钮

名　　称	功　　能
电路窗口	也称作工作区，是设计人员设计电路的区域
设计工具栏	用于操控设计项目中各不同类型的文件，也用于原理图层次的控制（显示和隐藏不同的层）
数据表格视窗	用于快速的显示编辑元件的参数，还可一步修改某些元件或所有元件的参数

Multisim 10 有 8 个工具栏，分别是 Standard Toolbar（标准工具栏）、Main Toolbar（主工具栏）、Simulation Toolbar（仿真工具栏）、View Toolbar（显示工具栏）、Graphic Annotation Toolbar（图形注释工具栏）、Components Toolbar（元件工具栏）、Virtual Toolbar（虚拟元件工具栏）和 Instruments Toolbar（仪器仪表工具栏）。使用工具栏上的按钮即可完成一个电路图的创建，表 B2～表 B6 是前 5 个工具栏的详细说明。

表 B2　标 准 工 具 栏

Standard Toolbar（标准工具栏）	按　钮	快捷键	功　　能
New		Ctrl+N	建立新文件
Open		Ctrl+O	打开一个文件
Open a Sample design		—	打开一个设计实例
Save File		Ctrl+S	保存文件
Print Circuit		—	打印电路图
Print Preview		—	预览打印电路
Cut		Ctrl+X	剪切元件
Copy		Ctrl+C	复制元件
Paste		Ctrl+V	粘贴元件
Undo		Ctrl+Z	撤销操作动作
Redo		Ctrl+Y	还原操作动作

表 B3　主 工 具 栏

Main Toolbar（主工具栏）	按　钮	功　　能
Show or Hide Design Toolbar		显示或隐藏设计工具栏
Show or Hide Spreadsheet Bar		显示或隐藏数据表格视窗
Database Manager		打开数据库管理器
Create Component		创建一个新元件
Grapher/Analysis List		图形分析视窗/分析方法列表
Postprocessor		后期处理
Electrical Rules Checking		电气规则检查
Capture Screen Area		捕获屏幕

Main Toolbar(主工具栏)	按　钮	功　能
Go to parent sheet		跳转到父系表
Back Annotate from Ultiboard		修改 Ultiboard 注释文件
Forward Annotate to Ultiboard 10		创建 Ultiboard 注释文件
In Use List	--- In Use List ---	正在使用的元件列表
Help	?	帮助

表 B4　仿 真 工 具 栏

Simulation Toolbar(仿真工具栏)	按　钮	快捷键	功　能
Run/Resume Simulation	▶	F5	仿真运行按钮
Pause Simulation	❙❙	F6	暂停运行按钮
Stop Simulation	■	—	停止运行按钮
Pause simulation at next MCU instruction boundary		—	在下一个 MCU 分界指令暂停按钮
Step into		—	单步执行进入子函数
Step over		—	单步执行越过子函数
Step out		—	单步执行跳出子函数
Run to cursor		—	跳转到光标处
Toggle breakpoint		—	断点锁定
Remove all breakpoints		—	解除断点锁定

表 B5　显 示 工 具 栏

View Toolbar（显示工具栏）	按　钮	快捷键	功　能
Toggle Full Screen		—	全屏显示
Increase Zoom		F8	放大显示
Decrease Zoom		F9	缩小显示
Zoom to Selected area		F10	区域放大
Zoom Fit to Page		F7	本页显示

表 B6　图形注释工具栏

Graphic Annotation Toolbar（图形注释工具栏）	按　钮	快捷键	功　能
Picture		—	放置文件图形
Polygon		Ctrl＋Shift＋G	放置多边形
Arc		Ctrl＋Shift＋A	放置弧形
Ellipse		Ctrl＋Shift＋E	放置椭圆

Graphic Annotation Toolbar （图形注释工具栏）	按　　钮	快捷键	功　　能
Rectangle	▢	—	放置矩形
Multiline	⌐	—	放置折线
Line	＼	Ctrl＋Shift＋L	放置直线
Place Text	**A**	Ctrl＋Shift＋T	放置文本
Place Comment	🔲	—	放置注释

在创建一个电路图之前，还需要设置自己习惯的软件运行环境和界面，其目的是方便画电路图、仿真和观察结果。设置全局属性的菜单为【Options】→【Global Preferences】，设置电路原理图属性的菜单为【Options】→【Sheet Properties】，设置用户界面的菜单为【Options】→【Customize User Interface】。用户可根据自己的偏好自行设置。

二、创建电路图的基本操作

创建一个电路图，首先要选取所需要的元件及仪器仪表，本节主要讲述如何选取元件、仪器仪表及如何将其连成一个完整的电路。

（一）元件与元件参数设置

Multisim 10 提供的元件浏览器常用于从元件数据库中选择元件并将其放置到电路窗口中。元件在数据库中按照数据库、组、族分类管理。可直接在元件工具栏和虚拟工具栏中选取；或在菜单【Place】下选择【Component】，单击后界面如图 B2 所示。

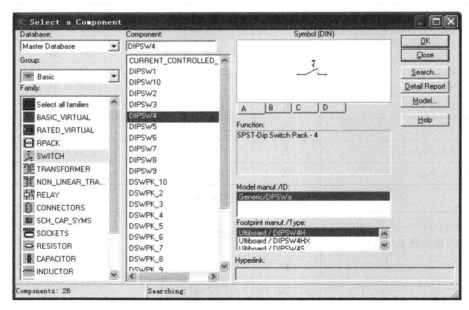

图 B2　【Select a Component】对话框

默认情况下，元件数据库是 Master Database（主数据库），若需要从 Corporate Database(公共数据库)或 User Database(用户数据库)中选择元件,可以在 Database 下拉列表中选择相应的菜单,从【Family】(族)列表中选择所需的元件族,在元件列表中选择所需的元件,选择好后点击【OK】即可。

在【Family】(族)中,深色背景的元件为虚拟元件,虚拟元件也可在 Virtual(虚拟)工具栏中选择。虚拟元件的特点就是其参数均为理想化且可随时修改元件的数值。

元件工具栏和虚拟工具栏具体情况如表 B7 和表 B8 所示。

表 B7 元 件 工 具 栏

Components Toolbar (元件工具栏)	按钮	功　　能	分　　类
Place Source	+	放置电源	电源、电压信号源、电流信号源、控制功能模块、受控电压源、受控电流源等
Place Basic	⌒	放置基本元件	基本虚拟器件、额定虚拟器件、排阻、开关、变压器、非线性变压器、继电器、连接器、插座、电阻、电容、电感、电解电容、可变电容、可变电感、电位器
Place Diode	⊬	放置二极管	虚拟二极管、二极管、齐纳二极管、发光二极管、全波桥式整流器、肖特基二极管、可控硅整流器、双向开关二极管、三端开关可控硅二极管、变容二极管、PIN 二极管
Place Transistor	K	放置晶体管	虚拟晶体管、NPN 晶体管、PNP 晶体管、达林顿 NPN 晶体管、达林顿 PNP 晶体管、达林顿晶体管阵列、BJT 晶体管阵列、绝缘栅双极型晶体管、三端 N 沟道耗尽型 MOS 管、三端 N 沟道增强型 MOS 管、三端 P 沟道增强型 MOS 管、N 沟道 JFET、P 沟道 JFET、N 沟道功率 MOS-FET、P 沟道功率 MOSFET、单结晶体管、热效应管
Place Analog	▷	放置模拟集成元件	模拟虚拟器件、运算放大器、诺顿运算放大器、比较器、宽带放大器、特殊功能运算放大器
Place TTL	ᴮ	放置 TTL 器件	74STD 系列及 74LS 系列
Place CMOS	ᵁᵈ	放置 CMOS 器件	根据电压大小分类
Place MCU Module	🖫	放置 MCU 模型图	8051、PIC16、RAM、ROM
Place Advanced Peripherals	▦	放置高级外围设备	键盘、LCD、终端显示模型
Place Misc Digital	ⅆ	放置数字元件	TTL 系列、VHDL 系列、VERILOG_HDL 系列
Place Mixed	ʘᵥ	放置混合元件	虚拟混合器件、定时器、模数和数模转换器、模拟开关

Components Toolbar（元件工具栏）	按钮	功　能	分　　类
Place Indicator		放置指示器件	电压表、电流表、探测器、蜂鸣器、灯泡、十六进制计数器、条形光柱
Place Power Component		放置电源器件	保险丝、稳压器、电压抑制、隔离电源
Place Miscellaneous	MISC	放置混杂器件	传感器、晶振、电子管、滤波器、MOS驱动
Place RF	Y	放置射频元件	射频电容、射频电感、射频 NPN 晶体管、射频 PNP 晶体管、射频 MOSFET、隧道二极管、带状传输线
Place Electrome-chanical		放置电气元件	感测开关、瞬时开关、附加触点开关、定时触点开关、线圈和继电器、线性变压器、保护装置、输出装置

表 B8　虚拟元件工具栏

Virtual Toolbar（虚拟元件工具栏）	按钮	功能	分　　类
Show Analog Family		放置虚拟运放	虚拟比较器、虚拟运放
Show Basic Family		放置虚拟基本器件	虚拟电阻、虚拟电容、虚拟电感、虚拟可变电阻、虚拟可变电容、虚拟可变电感、虚拟变压器等
Show Diode Family		放置虚拟二极管	虚拟二极管、虚拟齐纳二极管
Show Transistor Family		放置虚拟晶体管	虚拟 NPN 二极管、虚拟 PNP 二极管、虚拟场效应管
Show Measurement Family		放置虚拟测量元件	电压表、电流表、灯泡
Show Misc Family	M	放置虚拟混杂元件	虚拟 555 定时器、虚拟开关、虚拟保险丝、虚拟灯泡、虚拟单稳态器件、虚拟电动机、虚拟光耦合器、虚拟 PLL、虚拟数码管
Show Power Source Family		放置虚拟电源器件	直流电源、交流电源、接地
Show Rated Family		放置额定器件	虚拟额定三极管、虚拟额定二极管、虚拟额定电阻、虚拟额定变压器
Show Signal Source Family		放置虚拟信号源元件	交流电压源、交流电流源、FM 电流源、FM 电压源等

元件放在电路图上后，通常需要修改其参数，这时，只要双击元件，在弹出的元件属性对话框中修改其属性即可。元件属性对话框中包含多个页面，实际元件一般不需要修改其属性，除非有特殊需要，因为大量的实际元件完全可以满足研究、设计、教学的一般需要。虚拟元件的属性可以根据仿真的需要来设置，如果需要修改虚拟元件的参数，则必须明确知道被修改参数的意义。

（二）仪器仪表工具

Multisim 10 中提供了许多实验仪器，而且还可以创建 LabVIEW 的自定义仪器。选取仪器操作与选取元器件操作方法基本相同，可以在仪器仪表工具栏中选取所需仪器仪表，也可以在菜单【Simulate】→【Instruments】下选择所需仪器仪表。仪器工具栏如表 B9 所示。

表 B9　仪　器　工　具　栏

Instruments Toolbar （仪器工具栏）	按钮	中文名称	功　　能
Multimeter		万用表	可以测量交/直流电压、电流及电阻
Distortion Analyzer		失真度仪	典型的失真度分析用于测 20 Hz～100 kHz 之间信号的失真情况，包括对音频信号的测量，其设置界面如图 B3 所示
Wattmeter		瓦特表	用于测量用电负载的平均电功率和功率因数
Oscilloscope		示波器	显示电压波形、周期的仪器。Multisim 10 软件中提供了多种示波器，其使用方法都是大同小异，图 B4 所示为示波器面板
Function Generator		函数信号发生器	用来产生正弦波、方波和三角波的仪器
Frequency Counter		频率计数器	用于测量信号的频率
Four Channel Oscilloscope		四踪示波器	允许同时监视 4 个不同通道的输入信号
Agilent Function Generator		安捷伦 33120A 信号发生器	具有高性能 15 MHz 合成频率且具备任意波形输出的多功能函数信号发生器
Bode Plotter		波特仪	测量电路幅频特性和相频特性的仪器，波特图仪面板图如图 B5 所示

Instruments Toolbar （仪器工具栏）	按钮	中文名称	功　能
Word Generator		字符发生器	用于产生数字电路需要的数字信号，其面板图如图 B6 所示
Logic Converter		逻辑转换器	可以执行对多个电路表示法的转换和对数字电路的转换
IV Analyzer		伏安特性分析仪	用于测量二极管、PNP BJT、NPN BJT、PMOS、NMOS 的伏安特性曲线
Logic Analyzer		逻辑分析仪	用于显示和记录数字电路中各个节点的波形
Agilent Multimeter		安捷伦 34401A 万用表	6.5 位的高精度数字万用表
Network Analyzer		网络分析仪	用于测量电路的散射参数，也可以计算 H、Y、Z 参数
Agilent Oscilloscope		安捷伦 54622D 示波器	一个具备 2 通道和 16 逻辑通道的 100 MHz 带宽的示波器
Measurement Probe		测量探针	在电路的不同位置快速测量电压、电流及频率的有效工具
Spectrum Analyzer		频谱仪	测试频率的振幅
Tektronix Simulated Oscilloscope		泰克仿真示波器	Tektronix TDS 2024 是一个 4 通道 200 MHz 带宽的示波器
LabVIEW		LabVIEW 仪器	可在此环境下创建自定义的仪器
Current Probe		电流探针	将电流转换为输出端口电阻丝器件的电压

标签根据所选的
测量类型而变化

当前显示结
果的单位

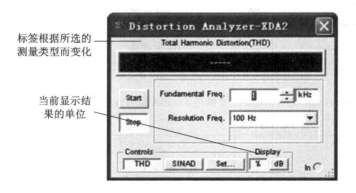

图 B3　失真度仪界面设置

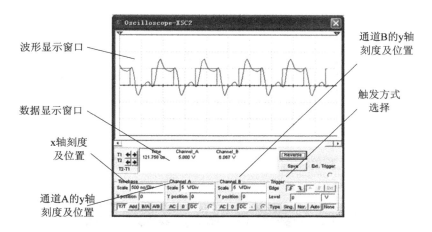

图 B4　示波器面板图

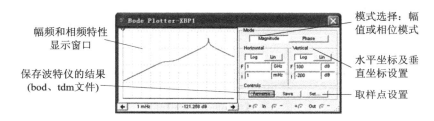

图 B5　波特图仪面板图

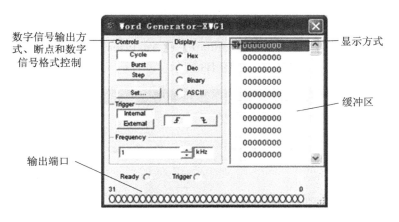

图 B6　字符发生器面板图

（三）电路连线

Multisim 10 软件中采取的是自动连线方式，当鼠标移至元件的一端时，出现十字型光标，单击引出导线，然后在要连接的元件端再次单击即可，使用起来非常方便。

三、分析方法

Multisim 10 软件的分析方法有很多，利用仿真产生的数据进行分析，对于电路分析和设计都非常有用，可以提高分析电路、设计电路的能力。Multisim 10 分析的范围也比较广泛，从基本分析方法到一些不常见的分析方法都有，并可以将一个分析作为另一个分析的一部分自动执行。

在主工具栏中，有图形分析的图标，可在此选择分析方法，也可单击菜单【Simulate】→【Analyses】命令选择分析方法。若想查看分析结果，可单击菜单【View】→【Grapher】命令，在【Grapher View】（图示仪）窗口中设置其各种属性，如图 B7 所示。Multisim 10 软件总共有 18 种分析方法，在使用这些分析方法前，要了解各种仿真分析的功能并正确设置其参数。下面介绍几种基本分析方法。

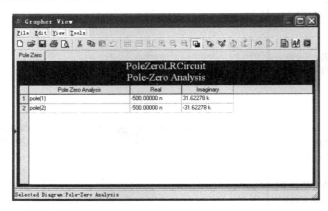

图 B7 【Grapher View】窗口

（一）直流工作点分析（DC Operating Point Analysis）

直流工作点分析可用于计算静态情况下电路各个节点的电压、电压源支路的电流、元件电流和功率等数值。

打开需要分析的电路，单击菜单【Simulate】→【Analyses】→【DC Operating Point Analysis】命令，弹出直流工作点对话框，如图 B8 所示。

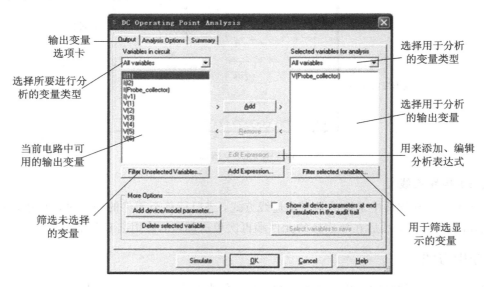

图 B8 【DC Operating Point Analysis】对话框的【Output】标签页

所有参数选择好后点击【Simulate】按钮，进行直流工作点分析，弹出图示仪界面，显示计算出的电压、电流数值。

（二）交流分析（AC Analysis）

交流分析可用于观察电路中的幅频特性及相频特性。分析时，仿真软件首先对电路进行直流工作点分析，以建立电路中非线性元件的交流小信号模型；然后对电路进行交流分析，并且输入的信号为正弦波信号，若输入端采用的是函数信号发生器，则即使选择三角波或者方波，也将自动改为正弦波信号。

下面以图 B9 所示的文氏桥为例，分析其幅频特性及相频特性。

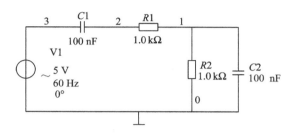

图 B9　文氏桥电路

双击电源，弹出其属性对话框，在【Value】（值）标签页中设置其交流分析的振幅和相位值，如图 B10 所示；设置好后，单击菜单【Simulate】→【Analyses】→【AC Analysis】命令，弹出【AC Analysis】对话框，在【Output】标签页中设置需要分析的变量，如图 B11 所示；选好之后单击【Simulate】按钮，仿真结果如图 B12 所示。

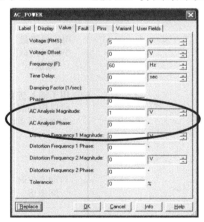

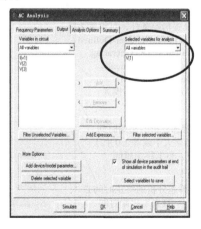

图 B10　【Value】标签　　　　　　　　　　图 B11　【Output】标签页

（三）瞬态分析（Transient Analysis）

瞬态分析也叫时域瞬态分析，是观察电路中各个节点电压和支路电流随时间变化的情况，其实与用示波器观察电路中各个节点的电压波形一样。

在进行分析前，需要对其进行参数设置，单击菜单【Simulate】→【Analyses】→【Transient Analysis】命令，弹出【Transient Analysis】对话框，如图 B13 所示。

如果需要将所有参数复位到默认值，则单击【Reset to default】（复位到默认）按钮即

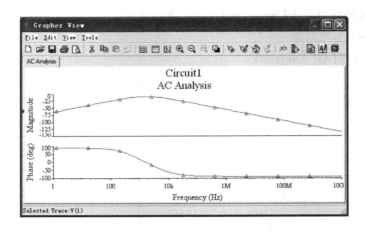

图 B12　文氏桥电路 AC Analysis 分析显示窗口

可。初始值条件有如下四种：

【Set to Zero】（设置到零）：瞬态分析的初始条件从零开始；

【User‑Defined】（用户自定义）：由瞬态分析对话框中的初始条件开始运行分析；

【Calculate DC Operating Point】（计算直流工作点）：首先计算电路的直流工作点，然后使用其结果作为瞬态分析的初始条件；

【Automatically Determine Initial Conditions】（自动检测初始条件）：首先使用直流工作点作为初始条件，如果仿真失败，则使用用户自定义的初始条件。

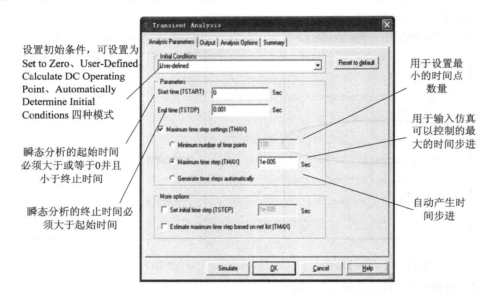

图 B13　【Transient Analysis】对话框

（四）直流扫描分析（DC Sweep Analysis）

直流扫描分析是计算电路中某一节点的电压或某一电源分支的电流等变量随电路中某一电源电压变化的情况。当直流扫描分析执行时，直流工作点分析将进行，直流电源的值增加并且另外的直流工作点也会被计算。

直流扫描分析的输出图形横轴为某一电源电压，纵轴是被分析节点的电压或某一电源分支的电流等变量随电路中某一电源电压变化的情况。

单击菜单【Simulate】→【Analyses】→【DC Sweep Analysis】命令，弹出【DC Sweep Analysis】(直流扫描分析)对话框，对其进行设置，如图 B14 所示。设置好参数后，单击【Simulate】按钮，进行分析。

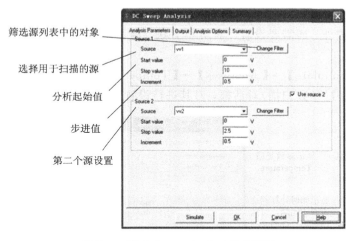

图 B14 【DC Sweep Analysis】对话框

(五) 参数扫描分析(Parameter Sweep Analysis)

参数扫描分析是针对元件参数和元件模型参数进行的直流工作点分析、交流分析及瞬态分析，所以参数扫描分析给出的是一组分析图形。

单击菜单【Simulate】→【Analyses】→【Parameter Sweep Analysis】命令，弹出【Parameter Sweep】(参数扫描)对话框，对其进行设置，如图 B15 所示。

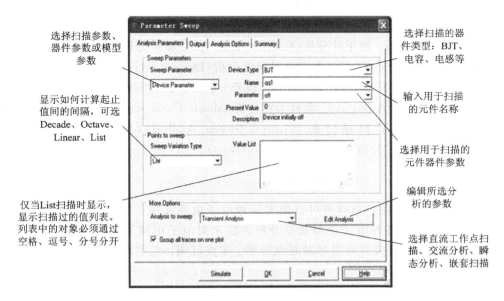

图 B15 【Parameter Sweep】对话框

在参数扫描分析设置中，不仅要设置被扫描的元件参数或元件模型参数、扫描方式、初值、终值、步长和输出变量，还要选择和设置直流工作点、瞬态分析或交流分析这三者之一。设置好参数后，单击【Simulate】按钮，进行分析。

（六）温度扫描分析（Temperature Sweep Analysis）

温度扫描分析就是在不同温度情况下分析电路的仿真情况。温度扫描分析的方法就是对于每一个给定的温度值，都进行一次直流工作点分析、瞬态分析或交流分析，所以除了设置温度扫描方式外，还需要设置一种分析方法。温度扫描分析仅会影响模型中有温度属性的元件。

单击菜单【Simulate】→【Analyses】→【Temperature Sweep Analysis】命令，弹出【Parameter Sweep】（参数扫描）对话框，对其进行设置，如图 B16 所示。

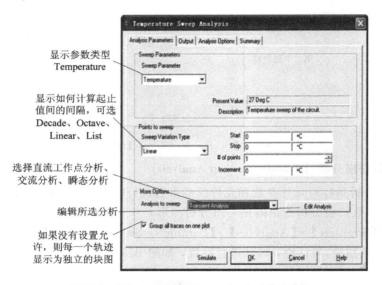

图 B16 【Temperature Sweep Analysis】对话框

其他分析方法还有：傅里叶分析（Fourier Analysis）、噪声分析（Noise Analysis）、失真分析（Distortion Analysis）、直流和交流灵敏度分析（DC and AC Sensitivity Analysis）、传输函数分析（Transfer Function Analysis）、极点-零点分析（Pole – Zero Analysis）、最坏情况分析（Worst Case Analysis）、蒙特卡罗分析（Monte Carlo Analysis）、线宽分析（Trace Width Analysis）、嵌套扫描分析（Nested Sweep Analysis）、批处理分析（Batched Analysis）、用户自定义分析（User Defined Analysis）。

四、应用举例

Multisim 10 软件的特点就是可以像实际做电子电路实验一样来进行电子电路仿真，还可以用前面介绍的各种电子仪器或是分析方法来对电子电路进行测试。学会使用该软件，可以为电子电路研究节省很多时间及经费。实践证明，先用该软件进行仿真，再进行实际实验，效果会更好。

利用 Multisim 10 软件仿真电路的步骤如下：

（1）从元件库中取出所需的各种元器件，注意更改其属性；

（2）布置和摆正元器件；

（3）连接电路，同时调整整体电路图的位置，使其看上去更美观、易懂；

（4）选取仪器仪表连接到电路中，测试电路的各种属性，注意修改仪器仪表属性；

（5）接通电源，进行电路测试。

根据这些步骤，以 LM7805 稳压电源电路为例，介绍 Multisim 10 软件的使用方法，图 B17 为 LM7805 稳压电源原理图。

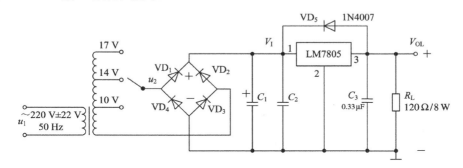

图 B17　7805 稳压电源原理图

第一步：统计元器件清单，如表 B10 所示。单击元件工具栏中基本项按钮，弹出【Select a Component】对话框，从中选取所需元件。

表 B10　元 件 清 单

名　　称	型　　号	数　　量
电阻	120 Ω	1
电容	470 μF	1
电容	0.1 μF	1
电容	0.33 μF	1
二极管	1N4007	1
稳压管	LM7805	1
桥堆	1G4B42	1
变压器	—	1

第二步：布置和摆正元器件，如图 B18 所示。

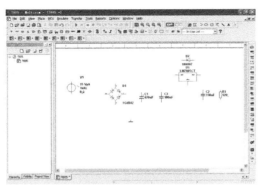

图 B18　布置和摆正元器件

第三步：连接电路，并且调整整体电路图位置，如图 B19 所示。

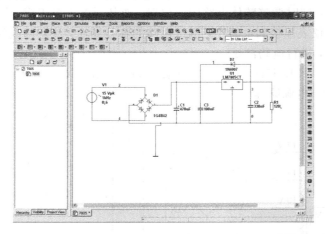

图 B19　整体电路图

第四步：选取直流电压表，测量输出电压大小，如图 B20 所示。

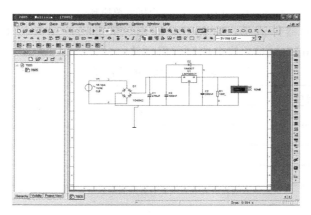

图 B20　连接电压表图

第五步：单击运行按钮，观察电压表，得出测试结果，如图 B21 所示。

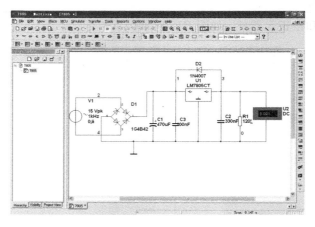

图 B21　测试结果

参 考 文 献

[1]   刘宏. 电子技术实验(基础部分). 2 版. 西安：西北工业大学出版社，2008.

[2]   吴大正. 信号与线性系统分析. 4 版. 北京：高等教育出版社，2008.

[3]   秦曾煌. 电工学(上册)：电工技术. 7 版. 北京：高等教育出版社，2009.

[4]   李瀚荪. 电路分析基础(上册). 4 版. 北京：高等教育出版社，2006.

[5]   陈同占，等. 电路基础实验. 北京：清华大学出版社，北京交通大学出版社，2003.

[6]   张建强，等. 电子制作基础. 西安：西安电子科技大学出版社，2010.

[7]   张君，等. 图解电子测量仪器使用快速入门. 北京：机械工业出版社，2013.

[8]   金波. 电路实验分析教程. 西安：西安电子科技大学出版社，2013.

[9]   王正林，等. MATLAB/Simulink 与控制系统仿真. 2 版. 北京：电子工业出版社，2011.

[10]   袁文燕，等. 信号与系统的 MATLAB 实现. 北京：清华大学出版社，2011.

[11]   熊伟，等. Multisim 7 电路设计及仿真应用. 北京：清华大学出版社，2005.

[12]   从宏寿，等. Multisims 仿真与应用实例开发. 北京：清华大学出版社，2007.

[13]   Multisim 7 User Guide. Interactive Image Technologyl Ltd. Canada，2003.

[14]   Robert L. Boylestad. Introductory Circuit Analysis. 9th edition. 影印版. 北京：高等教育出版社，
       2002.

[15]   黄允千. 电工学实验基础. 上海：同济大学出版社，2005.

[16]   孙肖子，等. 模拟电子技术基础. 北京：高等教育出版社，2012.

[17]   孙肖子，等. 现代电子线路和技术实验简明教程. 2 版. 北京：高等教育出版社，2009.

[18]   陈汝全. 电子技术常用器件应用手册. 北京：机械工业出版社，2001.

[19]   康华光. 电子技术基础：模拟部分. 5 版. 北京：高等教育出版社，2006.

[20]   胡仁杰，等. 电工电子创新实验. 北京：高等教育出版社，2010.

[21]   蔡杏山. 零起步轻松学电子测量仪器. 北京：人民邮电出版社，2010.

[22]   方德政. 电路与电机. 银川：宁夏人民教育出版社，1987.

[23]   张大彪. 电子测量技术与仪器. 北京：电子工业出版社，2009.

[24]   李希文，等. 电子测量技术. 西安：西安电子科技大学出版社，2008.